自然崩落法岩体可崩性评价体系研究及应用

刘 欢 何荣兴 著

全书数字资源

北 京

冶 金 工 业 出 版 社

2024

内 容 提 要

本书基于作者多年来在岩体可崩性领域的相关成果撰写而成，主要内容有：可崩性影响因素，包括对岩石强度指标、结构面特征指标、地下水指标及地应力指标的确定；可崩性评价体系的构建，包括可崩性模糊综合评判、可崩性空间分布模型的构建以及崩落水力半径的预测；自然崩落块度，包括崩落块度的控制方法和崩落块度预测软件；可崩性的工程应用，运用"三律"（岩体冒落规律、散体移动规律与地压活动规律）适应性高效开采理论，依据岩体可崩性评价结果研究自然崩落法分区开采方案。

本书可供采矿工程、土木工程、岩土工程等领域的工程技术人员、科研工作者及高等院校相关专业的师生学习和参考。

图书在版编目（CIP）数据

自然崩落法岩体可崩性评价体系研究及应用／刘欢，何荣兴著. -- 北京：冶金工业出版社，2024. 9.
ISBN 978-7-5024-9924-2

Ⅰ. TD853. 36

中国国家版本馆 CIP 数据核字第 2024JA7617 号

自然崩落法岩体可崩性评价体系研究及应用

出版发行	冶金工业出版社	**电　话**	(010)64027926
地　址	北京市东城区嵩祝院北巷 39 号	**邮　编**	100009
网　址	www. mip1953. com	**电子信箱**	service@ mip1953. com

责任编辑　王　颖　美术编辑　彭子赫　版式设计　郑小利
责任校对　李欣雨　责任印制　范天娇
北京建宏印刷有限公司印刷
2024 年 9 月第 1 版，2024 年 9 月第 1 次印刷
710mm×1000mm　1/16；10.5 印张；201 千字；157 页
定价 99.00 元

投稿电话　(010)64027932　投稿信箱　tougao@cnmip. com. cn
营销中心电话　(010)64044283
冶金工业出版社天猫旗舰店　yjgycbs. tmall. com
（本书如有印装质量问题，本社营销中心负责退换）

前　言

在众多地下金属矿床采矿方法中，自然崩落法是一种生产规模大、开采成本低、生产效率高的采矿方法，但也是开采技术难度较大且较难实施的采矿工艺之一，其开采效果主要取决于岩体可崩性，需在矿山可行性研究阶段针对岩体可崩性进行详尽的研究。

岩体可崩性是自然崩落法矿山可行性研究的核心内容，用以评判矿床是否适合采用自然崩落法开采并指导后续相关采矿工程的设计和实施。可崩性与岩体力学性质、原岩应力以及诱发应力等有关，是一项庞大的岩体系统工程。因此，本书以可崩性为对象，从可崩性研究、岩体自然崩落规律等研究现状为出发点，得出降低可崩性等级评判过程中的主观性、综合考虑可崩性影响因素间的相互作用关系以及构建可崩性空间分布模型是可崩性评价的关键，指出可崩性评价的发展趋势是构建可崩性评价体系（由可崩性综合评判、可崩性空间分布模型以及岩体自然崩落尺寸预测组成），并提出可崩性评价体系的框架及基本评价流程。书中有关研究内容对拟采用自然崩落法矿山的岩体可崩性评价具有较高参考价值和指引作用。

本书由内蒙古工业大学刘欢和东北大学何荣兴共同撰写，刘欢统稿。全书共分5章：第1章绪论，介绍了关于可崩性研究背景及意义、国内外关于可崩性的研究进展以及本书的研究内容；第2章可崩性影响因素，介绍了可崩性的影响因素指标；第3章可崩性评价体系，介绍了由可崩性模糊综合评判、可崩性空间分布模型以及崩落水力半径预测所组成的可崩性评价体系及各部分具体研究内容；第4章自然崩落块度，介绍了崩落块度的控制方法和崩落块度预测软件；第5章自然崩落法分区开采方案，结合矿山实际情况运用"三律"（岩体冒落规律、散体移动规律与地压活动规律）适应性高效开采理论，针对每个分区矿体的条件和可崩性空间分布特征，提出了自然崩落法分区开采方案。此外，内蒙古工业大学硕士研究生刘润晗、朱汉波也参与了本书部分图形的绘制工作，在此表示感谢。

在本书的撰写过程中得到了内蒙古工业大学、东北大学、紫金矿业等相关单位、专家和研究人员的大力支持，在此表示感谢。书中参考和引用了有关文献资料，在此向作者表示感谢！

本书内容所涉及的有关研究得到了国家自然科学基金项目（编号：52274113）、内蒙古自治区自然科学基金项目（编号：2022QN05012）和内蒙古自治区直属高校基本科研业务费项目（批准号：JY20220182）的资助，在此致谢！

由于作者学识水平所限，书中不妥之处，敬请广大读者批评指正。

作　者

2024 年 4 月

目　　录

1

绪　论

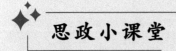

思政小课堂

习近平总书记在党的二十大报告中提出，推动绿色发展，促进人与自然和谐共生。

大自然是人类赖以生存发展的基本条件。尊重自然、顺应自然、保护自然，是全面建设社会主义现代化国家的内在要求。必须牢固树立和践行绿水青山就是金山银山的理念，站在人与自然和谐共生的高度谋划发展。

我们要推进美丽中国建设，坚持山水林田湖草沙一体化保护和系统治理，统筹产业结构调整、污染治理、生态保护、应对气候变化，协同推进降碳、减污、扩绿、增长，推进生态优先、节约集约、绿色低碳发展。

1.1 研究背景及意义

我国铜矿矿床特点是富矿少，品位低，平均品位为 0.87%，而在我国大型铜矿床中，品位大于 1% 的铜矿储量仅占 13.2%，大多数属于中低品位[1]，特别是大型斑岩铜矿（约占总资源量的 35%）的矿石品位普遍较低，一般为 0.55% 左右[1-2]。然而，随着我国经济的迅速发展，铜原料的需求一直保持增长的趋势，但国内铜矿石的产能相对较低且绝大部分需要进口，对外依存度较大。如图 1-1 所示，2000 年，我国精炼铜产量为 137.11 万吨，铜矿砂及其精矿进口数量为 181.00 万吨；2021 年，精炼铜产量增长到 1048.67 万吨，相较于 2000 年增长了 7.7 倍，铜矿砂及其精矿进口数量增长到 2340.00 万吨，相较于 2000 年增长了 12.9 倍，尤其是 2011 年以后铜矿砂及精矿进口数量急剧增长。与此同时，在全国 36 个骨干铜矿山中，近 22 座面临资源枯竭而被迫关闭的局面[3]。国内铜原料的供应缺口不断增加，将导致供需矛盾日益突出，低品位铜矿床的开采成为目前亟待解决的课题之一。

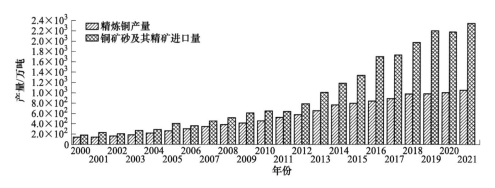

图 1-1 我国精炼铜产量及铜矿进口量

开采低品位铜矿床，面临的两大难题分别为降低开采成本以及提高矿石产量。目前，在众多地下采矿方法（空场法、崩落法、充填法）中，崩落法中的自然崩落法是一种大规模、低成本、高效率的采矿方法，其具有生产能力大、作业安全、开采成本低、易于实现自动化等优点，是唯一能与露天矿开采经济效益相媲美的高效地下采矿工艺[4-5]。近年来，在开采低品位、大型矿床中自然崩落法得到了广泛的应用[6]，尤其是在铜矿床中应用较为广泛，如 Northparks 铜金矿、Palabora 铜矿、EI Teniente 铜矿、Andina 铜矿、Salvador 铜矿、Freeport IOZ 铜金矿、Philex 铜金矿、铜矿峪铜矿、普朗铜矿等。然而，自然崩落法也是开采技术含量较高且较难实施的采矿工艺之一，如果应用失败，在当前开采技术条件下较难转变为其他采矿工艺，这对矿山造成的损失是永久的，因此需要在矿山可行性研究阶段针对岩体可崩性进行大量的研究工作，充分探究岩体的可崩性及其空间分布规律，从而评判矿山是否适合采用自然崩落法并指导后续采矿工程的设计实施。

1.2 国内外研究进展

在 19 世纪末，自然崩落法起源于美国密歇根州 Menominee Ranges 铁矿，随后在美国的 Pewabic 铁矿首次得到了应用[7]，经过 100 多年的不断发展，已在中国、美国、智利、印度尼西亚、南非、菲律宾、澳大利亚、加拿大等 20 多个国家的矿山中得到了应用，部分自然崩落法矿山的概况详见表 1-1。

表 1-1 国内外一些自然崩落法矿山的情况

国家	矿山名称	矿石类型	矿石产量	段高/m	备注
澳大利亚	Northparks E26	铜-金	400 万吨/年	>350	第二中段为 500 万吨/年
南非	Palabora	铜	30000 吨/天	450	
	Premier Mines	金刚石	300 万吨/年	80~163	
	Finsch	金刚石	17000 吨/天	80~10	
智利	EI Teniente	铜	3500 万吨/年	120~180	
	Andina	铜	1600 万吨/年		
	Salvador	铜	250 万吨/年		
	Chuquicamata	铜-钼	140000 吨/天		计划中
美国	Henderson	钼	600 万吨/年	122~145	
	San Manual	铜	55000 吨/天		
	Climax	钼	48000 吨/天		
印度尼西亚	Freeport IOZ	铜-金	700 万吨/年		
菲律宾	Philex	铜-金	1000 万吨/年		
中国	铜矿峪铜矿	铜	400 万吨/年	120	二期工程为 600 万吨/年
	普朗铜矿	铜	1250 万吨/年		

20 世纪 60 年代以前，自然崩落法主要用于开采松软破碎不稳固的矿体，随着岩体力学、岩体可崩性、散体移动规律、崩落块度、支护技术、自然崩落法开采工艺等内容的不断发展与完善以及无轨自行设备的普遍使用，该方法已用于开采坚硬稳固的厚大矿体，如 Palabora 铜矿、Premier 金刚石矿、Northparks E26 铜金矿、Henderson 钼矿等。目前，针对低品位破碎软岩、低品位硬岩或其他难以用常规方法经济开采的大规模矿床，自然崩落法是一种有效途径。

我国于 20 世纪 60 年代在云南易门铜矿[4]、山东莱芜铁矿[8]开展过自然崩落法的采矿试验，主要用于开采松软破碎矿体。20 世纪 80 年代以来，国内许多科研单位分别在金山店铁矿[9]、镜铁山铁矿[10]、漓渚铁矿[11]、丰山铜矿[12]、金川镍矿[13]、黄山铜镍矿[14]、铜矿峪铜矿[15]和普朗铜矿[16]等矿山开展自然崩落法的试验研究。虽然我国自然崩落法在工程实践方面取得了一定的进展，但是自然崩落法的试验、生产在我国仅仅是刚开始[4]，实践经验和生产管理等方面仍有很多不足，国内矿山中可供参考、借鉴的工程经验较少，自然崩落法在我国的应用仍处于发展阶段。

自然崩落法节省了大量的凿岩爆破工程及费用，是一种大规模、低成本、易实现自动化的地下大规模采矿方法，被誉为"地下岩石工厂"[3]，如表 1-1 所示的 EI Teniente 铜矿年产量达 3500 万吨。自然崩落法的实质是用凿岩爆破方法在矿体内某个水平采出一层矿石，形成拉底空间，使其上部的矿体失去支撑，发生初始崩落，并将崩落的矿石从阶段水平放出。随着拉底空间的扩大和崩落矿石的不断放出，上部矿体在诱导应力和重力作用下持续崩落并不断向上扩展，直至上覆岩层崩落，产生地表塌陷[3]。由自然崩落法实质可知，采用自然崩落法的关键是保证阶段内的矿体在拉底工程实施后能够逐渐自然崩落，因此确定矿岩体的可崩性级别以及获得可崩性的空间分布规律是研究自然崩落法应用范围的重要途径。

1.2.1 可崩性研究现状

可崩性是拟采用自然崩落法矿山可行性研究的核心内容[17]，其对矿山回采顺序、拉底工程设计、割帮预裂工程设计、安全生产和技术经济指标等都有决定性的影响，是矿山达到预期经济效益的重要保证[17-18]。可崩性评价是对岩体自然崩落的难易程度（可崩性）进行分类并针对既定矿山地质条件判定可崩性级别，决定在当前工业水平条件下矿山能否采用自然崩落法以及指导采矿工程的设计，是一项多指标、非线性的岩体复杂系统工程[17]。国内外岩体可崩性评价方法众多，由于不同岩体可崩性评价方法选用的参评因素、评价标准等不相同，导致对于同一个评判对象，不同的评价方法常常会得到不同的评判结果。目前，岩体可崩性评价可分为数学类评价法和基于岩体质量分级法的可崩性评价。

1.2.1.1 数学类评价法

数学类评价法主要是应用模糊数学、聚类分析、神经网络或物元分析等数学理论，充分考虑影响岩体可崩性的各因素，并对各因素的影响程度进行权重分析，综合得出较符合实际的可崩性评价结果。张志文[19]采用模糊数学方法进行了岩体可崩性评判，解决了分级界限僵硬的问题，实现了可崩性的动态评判；雷学文[20]采用灰色关联分析法并以金山店铁矿自然崩落法试验数据为基准,进行了岩体可崩性评判;朱建新[21]将数值分类与模糊数学相结合,建立了矿体可崩性分级模型和评判方法,并在铜矿峪铜矿进行了应用;周传波[22]采用模糊数学综合评判法对常用的可崩性评判方法进行了综合评价;雷学文等[23]利用人工神经网络进行了岩体可崩性分级识别,描述了岩体可崩性及其影响因素之间的非线性关系;邓红卫等[24]将可拓工程方法与聚类分析方法相结合,以岩体的可崩性等级和影响因子构造经典域物元和节域物元,应用物元理论和可拓集合中的关联函数,建立了可拓聚类预测的物元模型,实现了岩体可崩性分级评价;王少勇等[18]通过隶属度计算、关联度变换及从优隶属度处理,建立了岩体可崩性评判的关联系数模糊物元;Rafiee R 等[25-28]在岩石工程系统交互作用矩阵的基础上,分别采用概率论、模糊数学方法、模糊专家半定量编码方法以及采用模糊岩石工程系统、模糊决策试验与试验方法评价等对岩体可崩性进行了评判;李志超等[29]利用层次分析法和模糊综合评判理论对几种常用的可崩性分级方法的结果进行了量化处理和权重分析,综合分析了可崩性评判结果。

综上所述,目前数学类分级法中采用的评价指标主要包括 RQD 值、岩体完整性系数、抗压强度、节理间距、节理组数、节理面状态、拉底水力半径、水理特性值、地应力等。此类方法具有系统化的特点,能够将定性的参数转化为定量的参数,综合考虑多种因素对岩体可崩性的影响,并对各因素的影响程度进行权重分析。该类方法更多地侧重于对数据处理和分类,在评价中最关键的部分就是根据各评价指标参数值并利用数学理论建立可崩性模型。但是这种评价方法通常并没有考虑各指标间的相互作用关系以及在确定各影响因素的权重时具有一定的主观性。

1.2.1.2　基于岩体质量分级法的可崩性评价

陈清运等[17]指出岩体稳定性(岩体质量分级)与可崩性实质上是描述同一个问题的两个方面,只是侧重点不同。岩体稳定性分级是复杂岩体工程地质特征的综合反映,可崩性分级则强调岩体自然崩落的难易程度,稳定性差的岩体其可崩性就差,反之,可崩性就好[17]。目前,基于岩体质量分级法的可崩性评价在实际中的应用较多,主要包括 RQD 值分级法、RMR 方法、采矿岩体分级参数 $MRMR$ 方法、Q 值法等。

A　岩石质量指标 RQD 值分级法

岩石质量指标 RQD 值是由美国伊利诺伊大学的迪尔(Deere D U)于 1963

年提出的，多年来，作为反映工程岩体完整程度的定量参数[3]，该指标被广泛应用于各种工程岩体的稳定性评价及可崩性[30]评价中。但 *RQD* 值法采用单一指标进行评价，并没有反映出岩体的综合情况，局限性较大。

B　岩体地质力学 *RMR* 方法

南非宾尼亚斯基（Bieniawski Z T）于 1973 年首次提出用岩体质量指标 *RMR*（Rock Mass Rating）来进行岩体分级，并于 1976 年提出了具体的分级方法[31-32]，该方法也被称为岩体地质力学分级法。多年来该分级方法经过许多实例验证和修改，于 1989 年提出了修正的 *RMR* 分类方法，并得到国际岩石力学学会（ISRM）的推荐。由于该方法综合了岩石强度、岩石质量指标、结构面间距、结构面条件、地下水条件、结构面方位对工程影响的修正参数，是一种发展较快、应用较广且比较完善的岩体可崩性分类方法。然而 *RMR* 法主要依据从南非沉积岩中进行地下工程开挖所得数据而提出的方法，该方法并没有考虑地应力的影响且采用求和的方式来表明各影响因素间的关系，而 Rafiee R 等[33]通过数值模拟研究表明地应力对岩体可崩性的影响较大，因此 *RMR* 法具有一定的局限性。

C　挪威土工所 *Q* 值法

挪威土工所 *Q* 值法是 Barton 等人在分析了 212 座已建隧道的实测资料（至 1993 年已达 1050 个累计案例）上提出的一种岩体分类方法[34-35]。这种方法综合了岩石质量指标、节理组数、节理粗糙度系数、节理蚀变系数、节理水压折减系数以及应力折减系数 6 个方面因素的影响，已经在岩体可崩性评价中得到了应用。然而 *Q* 值法是基于硬岩隧道工程及大量的案例所提出，且认为各因素间的相互作用关系是商、积关系，但该分级方法并没有直接考虑岩石强度因素，研究[7,36]表明岩石强度与岩体可崩性存在关系，因此该方法也具有一定的局限性。

D　采矿岩体分级参数 *MRMR* 方法

MRMR 法是由 Laubscher 于 1974 年在岩体地质力学分类系统（*RMR* 法）的基础上，针对采矿工程所提出[36-37]，在内容上与 *RMR* 法和 *Q* 值法有些类似。主要差别是在采矿方面作了调整，因而其分类指标更适用于采矿设计。然而 *MRMR* 法在评价过程中受"工程经验"的影响较大且修正值较难确定，同时矿山在可行性研究阶段并未投入生产，现场可借鉴的"工程经验"几乎没有，较难对 *MRMR* 法中的指标进行修正。

E　我国工程岩体分级标准

《工程岩体分级标准》提出岩石的坚硬程度和岩体完整程度决定岩体基本质量[38]。岩体基本质量高，则稳定性好，反之，稳定性差。《工程岩体分级标准》适用于各类型岩石工程，如矿井、巷道、水工、铁路、公路、隧道、地下厂房、地下采场、地下仓库等各种工程[38-44]，该方法目前尚未应用到岩体可崩性评价中。

基于岩体质量分级法的可崩性评价中，通常是采用对每个指标进行评值的方法确定各指标对可崩性的影响程度，在评值过程中均是给定了指标或评分值的区间范围，导致评值过程中具有一定的主观性，且该方法也较少考虑各指标间的相互作用对可崩性的影响。

在岩体可崩性评价中，无论是何种评价方法，其评价指标的确定是关键，然而受工程岩体特征的影响，评价指标的确定仍以工程经验评定为主。虽然有些学者采用离散元方法对可崩性影响因素进行了研究[33,45]，但选定的评价指标仍是通过工程经验判定且研究的因素种类较少。

综上所述，岩体可崩性评价均是建立在一定工程经验的基础上，且在评价过程中具有一定的主观性，因此在评价过程中如何尽可能降低主观因素、综合可崩性影响因素及其相互作用关系成为可崩性评价的关键。同时由于可崩性评判指标值在空间内是非连续的，导致可崩性评价结果代表局部岩体，需建立可崩性空间分布模型从而为矿山是否采用自然崩落法、实现自然崩落法的分区开采以及为后续采矿工程的设计提供更全面的参考和依据。

1.2.2　岩体自然崩落规律研究现状

自然崩落法通过拉底放矿来控制采场上覆岩体自然崩落，须充分了解和掌握岩体在各种应力环境下的崩落规律或工程对岩体自然崩落的影响[46]。从理论上讲，任何不支护的岩体如果暴露面积足够大均会自然崩落。但对于一个特定矿山而言，需要预测多大范围的拉底工程实施后岩体能够自然崩落，形成一定的生产能力并满足经济开采的需求。

1.2.2.1　岩体自然崩落机理研究现状

岩体自然崩落的发生机理依赖于诱发应力、岩体强度和结构面等因素。早期利用自然平衡拱理论来解释拉底后岩体在重力场下的自然崩落规律[47]；Kendrick

R. [30]在 Urad 矿山发现在一个拉底区段的最小尺寸方向上会形成一个稳定的拱；Mahtab S D[48]运用平面弹性有限元分析了不同倾角裂隙对矿体拉底割帮后的剪应力和拉应力分布的影响，得出缓倾斜裂隙对剪切带分布的影响是敏感的以及水平裂隙剪切带最大的理论；Kendorski F S[49]指出崩落的开始和传播需要有一组比较发育的小倾角不连续面；郑永学等[50]运用离散元与边界元耦合的数值计算方法对岩体的崩落机理进行了研究，指出崩落机制为在矿块下部形成拉底空间后，在重力、主要裂隙产状性质和地应力共同作用下，使矿体裂隙发展而崩落，且崩落轴线有与结构面倾向一致的趋势，节理倾角越缓，崩落速度越快；潘长良等[46]通过对节理坚硬（脆性）岩体崩落机理的长期研究和现场监测，指出有节理的坚硬岩体崩落表现出阵发性或周期性，崩落过程周期性的实质是岩体中裂纹的扩展过程，裂纹（节理）的扩展和互相贯通是导致崩落且表现为周期性崩落的主要因素；吴少华等[51]进行了钻孔深部位移监测，结果表明岩体自然崩落受剪切破坏且以不连续面的破坏为主；徐腊明[52]采用三维有限元数值分析并结合程潮铁矿，对不同拉底割帮工程布置条件下的矿体应力分布进行了计算，表明矿体破坏与崩落主要受弱面控制，破坏方式为沿弱面拉剪破坏；张世雄等[53]运用三维弹性有限元程序对自然崩落矿山进行了数值模拟，提出了在低围压条件下岩体的崩落破坏主要是基于其抗拉强度的受拉破坏；张峰[54]通过对铜矿峪铜矿崩落状态的监测，得出崩落轴线有与结构面倾向一致的趋势，如果主要节理面与矿体倾向相同，崩落轴线就偏向上盘，节理倾角越缓，崩落速度越快；Duplancic P 和 Brady B H[55]在澳大利亚 Northparkes 矿证实边界崩落的发生需要一组近水平的节理作为释放机理，并采用微震监测系统研究了 E26 采区的崩落阶段，利用收集数据建立岩体崩落模型，该模型包括崩落区、空区、非连续变形区、微震发生区及围岩五个区；姜增国等[56]基于 DDEM 进行了自然崩落采矿法崩落规律的数值模拟，将矿体的崩落过程分成 3 个阶段，第 1 阶段是小型崩落，第 2 阶段是大面积崩落，第 3 阶段是小面积的片落和垮落；朱焕春[57]采用 PFC 研究了开挖后岩体自然崩落的机理，指出崩落过程实际为低应力条件下块体受结构面控制的块体崩落，而非高应力作用导致岩体破坏的应力崩落；王涛等[58]采用颗粒流方法研究岩体的崩落，得出接触力按照一定的方向排列，基本形成平衡拱；袁海平等[59]指出岩体的冒落需要节理的扩展和相互贯通，只有当贯通了的结构面和临空面一起构成一封闭面时，冒落才会发生，并提出了诱导条件下节理岩体在重力作用下产生自然崩落的 3 个充要条件为：破坏条件、临空面条件和平衡条件。Vyazmensky Alexander 等[60]采用有限元/离散元建模对岩体崩落进行了研究，结果显示 Palabora 矿的岩体抗拉强度对岩体的崩落起主要作用；宋卫东等[61]利用钻孔监测程潮铁矿西区顶板围岩的冒落机理，指出岩层冒落高度与岩体质量关系密切，受岩层接触带影响严重，采场顶部空区被松散矿岩充填，顶部围岩冒落将出现滞后性；Barbosa M R 等[62]将崩落种类分为碎块崩落、块体崩落、沿控制构造的崩落和沿张开节理的崩落；方传峰等[63]采用颗粒流软件分析了崩落机理，指出裂纹发起于推进面与顶板交界处，在拱形区域内密集扩展、贯通，矿岩破裂以节理拉伸破坏为主，矿堆以岩石剪切破坏为主。

目前，关于岩体自然崩落规律尚未形成一个十分全面的认识，这主要是岩体的复杂性所致，尤其是不同的矿山其结构面产状及空间分布特征存在较大的差异。

1.2.2.2 岩体自然崩落的拉底尺寸预测

岩体自然崩落的拉底尺寸预测包括基于工程实践经验的预测、基于理论模型的预测、基于相似材料试验的预测以及基于数值模拟的预测。

基于工程实践经验的预测方法是建立在岩体可崩性分类和已有矿山开采经验的基础上，目前预测岩体自然崩落的经验方法主要包括 Laubscher 崩落图法[36-37,64]和 Mathews 稳定性图法[65-66]。Laubscher 崩落图法是针对软弱破碎矿体的崩落规律而提出，其出发点为崩落采矿法。然而，一旦岩体强度显著高于现有工程经验，该方法预测的准确率就大打折扣[67]，主要是 *MRMR* 岩体质量评价体系中对于硬岩工程经验的缺乏及有限的工程样本所致。Mathews 稳定图是由 Mathews 等人于 1980 年提出并由 Mawdesley[65]于 2001 年修正的关于岩体质量、开采深度、采场尺寸与稳定性间的一种经验关系。Mathews 稳定图法早期应用于空场采矿法的稳定性评价，较为成熟，被重新提出并应用于崩落采矿法的时间较短，但日益受到研究人员的关注。基于工程实践经验的预测方法均是以水力半径作为预测岩体发生自然崩落的指标。

基于理论模型的预测主要是基于平衡拱原理，任凤玉等[68-69]在诱导冒落采矿法中提出不考虑水平应力的岩体冒落跨度计算式，随后何荣兴等[70]建立了考虑水平应力的岩体冒落跨度计算式。

基于相似材料试验的预测是在相似理论的基础上，考虑模型和原型在几何尺寸、物理力学性质以及岩体构造等方面的相似，然后根据模型的应力、应变以及破坏等方面的变化，将得到的结果类比至原型，用于预测岩体的自然崩落，在一定意义上指导矿山的生产实践。罗声运[71]和李学锋[72]采用相似材料试验模拟研究了铜矿峪 5 号矿体发生初次崩落以及有效崩落的拉底面积；董卫军等[73]采用相似材料模拟试验，研究了金川二矿区的初次崩落、崩落高度、崩落角等。相似材料试验在 20 世纪末和 21 世纪初应用较多，但由于其需要花费大量的人力、物力来进行试验以及试验本身也具有一定的不确定性等因素，随着计算机模拟技术的发展，此方法在预测岩体崩落方面的使用逐渐减少。

数值模拟方法在研究岩体自然崩落规律中也有着广泛的应用。研究方法通过建立数值分析模型，应用一定手段模拟矿块的拉底、切槽等工程措施，研究岩体在采矿诱发应力作用下，矿岩产生破裂以及是否崩落等，是对开采过程的数值仿真分析。Hassen F H 等[45]提出基于有限元分析岩体崩落的方法，并研究了开挖形状、尺寸以及节理的方向和力学特性对岩体崩落的影响；钱志军和徐长佑[74]采用离散单元法研究了岩体自然崩落过程及范围；胡建华等[75]通过 RFPA 计算分析了铜坑锡矿顶板稳定时最大的暴露空区面积以及诱导顶板失稳崩落过程的时变效应；王连庆等[76]利用二维颗粒流 PFC 软件，预测了某镍铜矿的初始崩落拉底半径和连续崩落的拉底半径；Rafiee R 等[33]采用 PFC 和离散裂隙网络研究了岩石抗压强度、节理参数、地应力等因素对岩体崩落的影响。数值模拟方法相比相似材料模拟试验是一种更加经济、快速的预测岩体自然崩落的研究方法，可以直接研究某些参数对岩体崩落的影响。同时随着计算机处理能力的增强，数值模拟方法在岩体崩落规律方面的应用也得到了更迅速的发展。

自然崩落规律研究是一项复杂的岩体系统工程，目的是尽可能准确地预测在特定工程条件下岩体是否自然崩落（崩落水力半径），从而指导采矿工程的布置与实施。

1.2.3 自然崩落块度研究现状

自然崩落法的生产效率很大程度上取决于在崩落过程中矿石产生的块度。因此，研究崩落块度控制方法是扩大自然崩落法应用范围的重要途径之一。与块度有关的参数包括：放矿点尺寸和间距、设备选择、放矿控制过程、生产能力、矿石的损失和贫化、卡斗大块二次爆破量以及爆破引起的巷道破坏和相应的作业成本、劳动生产率、矿石的破碎过程和生产成本等。因此预测岩体自然崩落块度并提出块度控制方法，对矿山是否采用自然崩落法以及相关工程的布置起着关键性的作用。

预测自然崩落块度需理解岩体本身的破碎程度、岩体发生自然崩落后岩块的破碎以及岩块在崩落矿石散体内及放矿过程中的破碎[77]。在块度分析预测方面，从最初以工程经验和工程类比为主的直接预测阶段进入到数学模拟的定量分析阶段，从单指标评价方法发展到随机模拟方法，预测可靠性大大提高。目前，崩落块度的预测方法可分为基于工程经验的预测和基于节理特征及节理网络的预测。

1.2.3.1 基于工程经验的预测

基于工程经验对自然崩落块度的预测是基于岩石质量指标 RQD 值、岩体节理特征以及结合工程经验来实现崩落块度的预测。Deere D U[78]提出采用 RQD 值评价岩石块度，RQD 值越大块度越大；Sen Z 和 Eissa E A[79]基于单位体积节理数、节理频率计算岩体内棱柱形、板形或条形块体的体积，然后通过平均节理间距确定一般的或典型的块体形状和大小；Hardy A J 等[80]呈现了一种通过钻孔岩芯分析节理岩体原始块度情况的经验方法；Barton N 等[34-35]在 Q 分级中提出用 RQD 值与结构面组数的比值来表示岩块的大小；Bieniawski Z T 等[31-32]依据 RMR 分级结果来判断岩体的可崩性，并对每个可崩性级别的岩块块度和二次破碎量进行了定性的描述；Laubscher D H[36-37]提出的采矿岩体分级参数 $MRMR$ 方法也对岩块块度和二次破碎量进行了定性的描述；Palmstrom A 等[81]指出采用 RQD 值确定节理岩体的块度存在一定的限制，采用三维块体体积和体积节理数可更好地显示岩块特征；Annavarapu S 等[82]利用钻孔岩芯数据和节理特征预测了崩落块度的分布，并分析了预测值与估计值之间的关系。目前，基于工程经验预测岩体自然崩落块度的典型代表是 Block Cave Fragmentation（BCF）程序[7]。

基于工程经验预测自然崩落块度是依据岩体结构面参数，并结合工程经验或工程类比来确定，该类方法简单方便，但具体参数值及修正值的确定仍然存在较大的主观性，且大部分方法不能反映块度尺寸的范围和分布，评价结果对实际工程的指导作用有限。

1.2.3.2 基于节理特征及节理网络的预测

基于节理特征及节理网络预测岩体自然崩落块度就是根据节理空间展布状态及节理面参数的统计分析结果，采用一定的数学方法模拟节理岩体的切割情况，然后结合自然崩落法相关知识进行修正，从而预测岩体自然崩落块度的分布情况。

目前，较多的研究是基于蒙特卡洛（Monte Carlo）随机模拟技术生成节理网络，然后结合数学方法或工程经验来预测崩落块度。1977 年，Wihte D H[83]根据节理面的空间分布规律，采用随机模拟技术建立了节理面二维岩石模型，用以预测矿石块度组成；王李管 等[84]在铜矿峪铜矿自然崩落法开采研究中采用蒙特卡洛随机模拟技术以及结合工程条件研究矿石块度组成及分布规律，并对不同工程阶段的矿石块度进行了预测；王家臣 等[85]基于现场调查，运用蒙特卡洛随机模拟方法生成了三维节理网络，并运用拓扑学中的单纯同调理论对矿石块度进行了预测分析；Wang L G 等[86]在分析不连续性的抽样方法、三维建模算法和节理不连续性分布规律的基础上，基于蒙特卡洛随机模拟技术，提出一种预测崩落块度的三维模型；向晓辉等[87]应用随机不连续面三维网络模拟技术建立不连续的概率模型，并提出"面积判断"法来判断岩块并给出相关几何参数；王李管等[88]在确定矿岩可崩性的基础上，根据岩体中节理的空间分布规律，采用蒙特卡洛随机模拟技术模拟节理系统，对岩体崩落块度影响因素进行了定量分析；冯兴隆等[89]根据现场不连续面参数调查结果，利用蒙特卡洛随机模拟方法产生不连续面综合数据库，然后确定岩块的节理面数量、建立节理面方程、确定岩块的坐标、体积及形状特征，从而对矿石块度进行预测；Elmouttie M K 等[90]以实测节理数据为基础，采用蒙特卡洛随机模拟技术，以及结合多面体建模算法来预测与模型岩体相关的块体；刘泉等[91]运用蒙特卡洛随机模拟方法生成的节理网络，结合岩体分形理论，推导出块度预测模型，进行岩体初始块度的预测和分析；杨啸等[92]采用蒙特卡洛随机模拟方法生成节理网络模型，并结合岩体分形理论，推导出岩体块度尺寸与分布的预测模型，对原始块度进行了预测；荆永滨等[93]根据节理面几何参数的分布规律，通过蒙特卡洛随机模拟技术构建三维节理网络，利用平面切割三维模型算法，建立预测岩块集合的三维模型，实现岩块大小和形状分布的统计预测。基于蒙特卡洛随机模拟技术形成预测岩块的软件包括MAKEBLOCK 软件[94]、DIMINE 软件[95-96]、Ore Fragments Prediction 软件[97]等。

在基于节理特征及节理网络预测岩体自然崩落块度的研究中，大量学者也依据节理特征以及结合数学、力学、物理试验等来预测崩落块度的大小及分布。Wang H 等[98]提出了基于节理特征数据预测岩块大小和形状的方法及步骤；Jing L 等[99]针对节理岩体，利用与块体相关的基本拓扑概念提出了一种块体组合识别算法；Lu P 和 Latham J P[100]采用灰色关联分析来描述节理间距数据的理论分布规律，在此基础上预测岩块尺寸的分布规律；王家臣等[101]在节理调查的基础上，引用圆盘节理模型，生成了矿体的三维节理网络，运用拓扑学中的单纯同调理论，建立了崩落块体的三维预测模型；董卫军[102]运用拓扑学中单纯同调理论，基于矿体天然节理分布，建立崩落块体三维预测模型并研究了块体的空间分布；王利和高谦[103-104]根据岩石分形断裂切割岩块的块度形成机制，利用能量守恒关系提出了一套通过损伤计算预测岩体块度的方法；Kim B H 等[105]基于节理特征参数，提出了一种考虑非贯通节理的岩块尺寸预测方法；Rogers S 等[106]指出自然崩落法中体积节理密度对离散裂隙网络起到控制作用以及决定着岩块的破碎程度，并通过体积节理密度预测崩落块度；Gomez R 等[107]进行了垂直压力对岩块破碎影响的物理试验，基于实验结果修正了破碎模型，提出了基于物理试验预测块度的方法。

由上述内容可知，崩落块度均以原始块度为主，对于初次破碎块度和二次破碎块度的预测仍以工程经验修正为主。然而自然崩落法回采高度等于阶段高度，岩体降落高度和放矿高度较大，降落过程和放矿过程对岩块破碎的影响不可忽略。

1.3　研　究　内　容

本书结合自然崩落法采矿工艺特点以及矿山无岩体揭露工程的现状，以钻孔岩芯为主要研究对象，结合矿山地质条件，围绕可崩性评价开展研究工作，提出适合矿床条件的自然崩落法开采方案。主要内容如下。

（1）确定自然崩落法岩体可崩性的影响因素并测定各影响因素指标值。在影响因素指标值确定过程中，针对矿山保留的大量半圆柱岩芯的现状，利用半圆柱岩芯，研究点荷载试验中半圆柱试件径向加载时的破坏特征及其点荷载强度的计算方法。

（2）在国内外可崩性研究成果的基础上，分析传统可崩性评价方法中存在未综合考虑可崩性影响因素及因素间相互作用关系的问题，以及针对可崩性评价指标值在空间内非连续性所导致的可崩性评价结果代表局部岩体的现状，建立包含可崩性等级评判、可崩性空间分布模型以及预测崩落水力半径的可崩性评价体系。

（3）在崩落块度破碎过程研究的基础上，分析自然崩落法回采过程中影响岩块破碎的可控因素以及结合自然崩落法采矿工艺，提出块度控制方法，从而降低崩落矿石的大块率。综合崩落块度内容和崩落块度控制方法，开发崩落块度预测软件。

（4）基于矿床条件和可崩性空间分布模型，运用"三律"（岩体冒落规律、散体移动规律与地压活动规律）适应性高效开采理论，提出适合矿床条件的自然崩落法开采方案以及首采区开采方案。

2

可崩性影响因素

　　加快发展方式绿色转型。推动经济社会发展绿色化、低碳化是实现高质量发展的关键环节。加快推动产业结构、能源结构、交通运输结构等调整优化。实施全面节约战略，推进各类资源节约集约利用，加快构建废弃物循环利用体系。完善支持绿色发展的财税、金融、投资、价格政策和标准体系，发展绿色低碳产业，健全资源环境要素市场化配置体系，加快节能降碳先进技术研发和推广应用，倡导绿色消费，推动形成绿色低碳的生产方式和生活方式。

　　可崩性的概念可归纳为两个含义：其一，可崩性是岩石力学性质、原岩应力以及诱发应力的函数；其二，可崩性是指岩体发生自然崩落的难易程度。因此可崩性受多种因素的影响，同时岩体崩落后也会影响这些因素。目前众多的可崩性评价方法均是依据特定的可崩性影响因素指标（评判指标）所建立，这些影响因素指标可概括为岩石强度指标、结构面特征指标、地下水指标及地应力指标四大类，这四大类合计有 20 余种。然而在可崩性评判中，如何恰当地确定影响因素成为关键。当确定的影响因素较少时，这些影响因素存在着不能全面反映可崩性的可能，甚至会导致错误的评判结果。当确定的影响因素较多时，由于这些因素间存在直接关系且绝大部分影响因素确定时存在一定的主观性，将会夸大某一因素对可崩性的影响以及降低可崩性评判结果的客观性，甚至也会导致评判结果的失真。因此本节基于国内外可崩性评价的研究成果以及可行性研究阶段矿山状况，充分考虑了各影响因素（评判指标）间的直接关系与区别，确定了可崩性的影响因素指标。

2.1　可崩性影响因素分析

2.1.1　矿岩体结构面条件

矿岩体结构面条件主要包括结构面间距、结构面组数及其产状（走向、倾向和倾角）、结构面粗糙度以及结构面胶结强度或充填物性质。这些特性对矿岩的可崩性有强烈影响。

矿岩的初始崩落几乎都是通过应力作用在弱面上引起的。因此，若没有弱面，任何矿岩的崩落都将难以进行。这些弱面在岩体中就表现为节理、层理、裂隙等各种形式的结构面。理想状态是至少有两组近似正交的陡结构面和第三组近似水平的结构面，并且结构面分布较密（每米 10 条以上），这样可确保矿体顺利崩落。

结构面平整光滑，且有黏土、绿泥石或绢云母等低强度充填物的矿岩体容易崩落，其可崩性较好。

2.1.2　岩块及结构面力学强度

不管岩石类型如何，在岩体无加固或约束的情况下，岩体在断裂时总是首先沿原有裂缝产生破坏。但是，由于结构面持续性的影响，对没有完全贯穿的结构面来说，岩体的破坏有时必须穿过不连续结构面之间的岩桥。因此，完整岩块和岩体以及结构面的抗压、抗拉和抗剪等力学强度，对岩体的可崩性具有重要的影响。

2.1.3　原岩应力场

自然崩落法依靠岩体中的自然力破岩，即在一定原岩应力条件下，通过矿块底部的拉底创造自由空间，促使岩体中的原岩应力状态发生改变，最终造成岩体的破坏。因此，原岩应力状态是影响可崩性的重要因素。

原岩应力场包括自重应力场和构造应力场。自重应力为主的原岩应力场有利于矿岩的自然崩落，在深井矿山，随深度增加矿岩自重应力不断加大，有利于矿岩崩落。通常，构造应力尤其以水平构造应力为主的原岩应力场不利于矿岩的自然崩落。并且，原岩应力的最大主应力方向与矿体中优势结构面的产状之间的关系也影响矿岩的可崩性，如果最大主应力方向与优势结构面的走向垂直或呈大角度相交，会在结构面形成较大的法向应力作用，妨碍裂隙的扩展和延伸，不利于崩落。

2.1.4　地下水状况

崩落区内或其上部存在大量地下水时，开始崩后大量的地下水将进入崩落区，当水量足以将崩落的粉矿变为泥浆，则无法对放矿作业进行可靠的控制，并且有可能形成泥石流，危及矿山安全。因此，要求崩落矿区必须较为干燥，或者在拉底和崩落前先疏干。在崩落后产生粉矿较少的矿山，适量的地下水不会损害放矿控制的可靠性，且可在放矿作业期间将粉尘量保持在最低水平，有利于改善作业环境。

2.1.5　采矿工艺因素

自然条件和工程因素之间相互作用使矿体的崩落特性具有较大的变化。因此，矿体的可崩性还受开采工艺技术的影响。这些影响因素包括放矿点间距、矿块高度、拉底工程、出矿系统及放矿控制技术等。

放矿点间距受崩落矿石块度的制约。为了减少矿石的损失贫化，崩落块度越小，放矿点的间距越密，反之亦然。放矿点间距不当，会造成损失贫化增加。

拉底引发矿岩在垂直方向的破坏，对矿体可崩性的影响极为重要。如果拉底不当，则可能产生成管作用，留下矿石的包体或半包体，并导致产生稳定性问题，助长大块的产生或者根本不发生崩落。

放矿控制或者放矿方法与放矿速率强烈地影响矿体的崩落特性。不合理的放矿方法可能透过软弱和高度裂隙化的矿岩区域产生成管作用，导致大块增多甚至停止崩落；或者废石向放出矿石量大的区域穿插，在放矿量较小的区域内留下矿石包体。

在众多可崩性评价方法中，表征岩石强度的指标为岩石单轴抗压强度与岩石点荷载强度，由于点荷载试验具有操作简单、对岩石试件的加工要求低、便于在施工现场试验、及时获取试验数据等一系列优点，以及大量的研究表明岩石点荷载强度与单轴抗压强度间具有良好的相关性[108-111]，因此选取岩石点荷载强度来表征岩石强度。表征结构面特征的指标包括岩石质量指标、节理间距、岩体完整性系数、体积节理数、节理粗糙度、节理张开度、充填物、节理方向、节理长度，其中已有研究表明岩石质量指标 RQD 值与节理间距、岩体完整性系数、体积节理数等存在相关性[3,79,81,112-116]，同时在各种可崩性评价方法中 RQD 值应用最多，因此选取岩石质量指标 RQD 值、节理粗糙度 J_r、节理张开度 J_a、充填物 J_f、节理方向 J_o 来表征结构面的特征。在表征结构面特征指标中并未选取节理长度，因为对于地下矿山而言较难获得该指标且 RMR 分级中对该指标评分值最大只有6，而在 Q 分级中未出现该指标。地下水指标通常采用定性描述的方式，本书采用 RMR 分级法中对地下水 W_u 状态的描述方法。地应力指标采用文献 [27] 中岩石单轴抗压强度 R_c 与地应力的比值来表征，同时依据点荷载强度与岩石单轴抗压强度间的关系，可以转化为点荷载强度与地应力的比值 I_{ss}。因此确定的可崩性影响因素指标包括岩石点荷载强度 $I_{s(50)}$、岩石质量指标 RQD、节理粗糙度 J_r、节理张开度 J_a、充填物 J_f、节理方向 J_o、水 W_u、点荷载强度与地应力比值 I_{ss}，同时结合研究的需要也对矿体及围岩特征进行了分析。

2.2　某铜钼矿矿岩体特征

矿体和围岩是可崩性评价的主体对象，其特征影响是可崩性评价的基础，同时矿体和围岩的空间分布特征也是后续构建可崩性空间分布模型的基础。所研究的铜钼矿床属斑岩型矿床，区内普遍具铜、钼矿化，空间上具有上铜下钼的分带特征，主要矿石矿物为黄铜矿和辉钼矿。根据金属矿物组合和矿化特征及空间分布位置，区内共划分出 4 个矿化带，自下而上分别为 I 号、II 号、III 号和 IV 号矿化带，每个矿化带所揭露的对应矿体为 I 号、II 号、III 号和 IV 号矿体。

2.2.1　矿体

矿体基本为隐伏矿体，地表地形图如图 2-1 所示，最高出露标高 561 m，最低见矿标高 −345 m。本区内已探获的铜钼主要矿体 1 个，次要矿体 7 个，控制长约 2885 m，宽约 1000 m，矿体三维展示如图 2-2 所示。

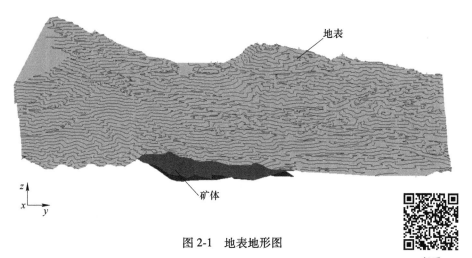

图 2-1　地表地形图

彩图

矿体空间形态总体呈马鞍状向外侧展布，中部矿体平缓，向北西和南东边矿体产状较陡，倾角主要为 50°~60°，如图 2-2 及图 2-3 所示；北东边矿体产状逐步变缓，倾角小于 40°；南西边矿体近似水平，以 IV 号铜蓝和黄铜矿体为主。本区矿体的富矿围岩主要为花岗闪长斑岩和花岗闪长岩。

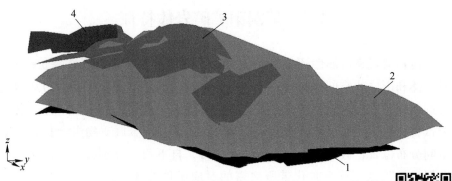

1—Ⅰ号矿体　　2—Ⅱ号矿体　　3—Ⅲ号矿体　　4—Ⅳ号矿体

图 2-2　矿体三维图

彩图

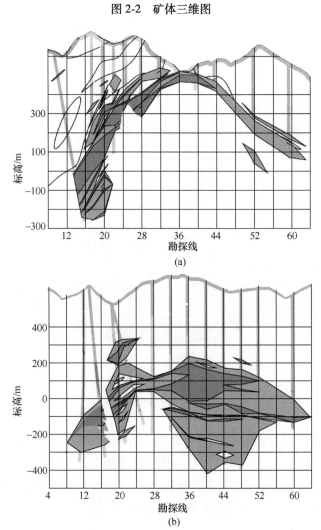

(a)

(b)

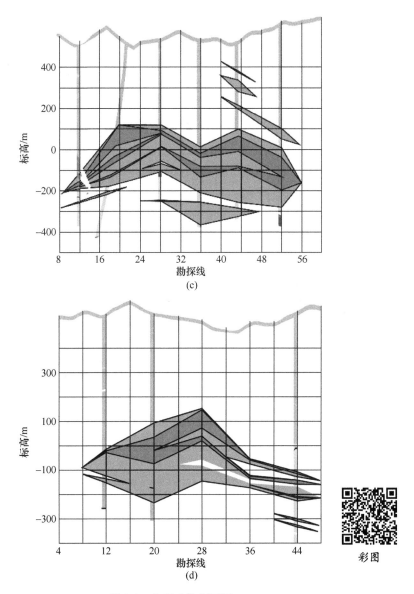

图 2-3 典型矿体剖面图

（a）252 勘探线剖面图；（b）276 号勘探线剖面图；（c）288 勘探线剖面图；（d）304 号勘探线剖面图

2.2.1.1　Ⅰ号矿体

Ⅰ号矿体位于矿床最底部，矿段的北西侧，Ⅱ号矿体的下方，向下紧邻似斑状花岗闪长岩，矿石矿物主要为辉钼矿、其次为黄铜矿。容矿岩石均为花岗闪长斑岩；顶板的富矿围岩主要为花岗闪长斑岩（约占 95.64%），其次为石英闪长斑岩（约占 4.36%）；底板的富矿围岩主要为花岗闪长斑岩（约占 71.52%），其次为似斑状花岗闪长岩（约占 13.80%）。

Ⅰ号矿体分布标高 -345~133 m，埋深 535~951 m。矿体形态为似层状，呈北东向分布，走向 44°，倾向 314°，倾角 13°~56°，走向长 208~1120 m，倾向延伸 122~248 m，展布面积 0.17 km²。厚度 4.98~39.86 m，平均 12.96 m。矿体品位：Cu 0.01%~1.00%，平均 0.20%；Mo 0.002%~0.323%，平均 0.064%；ZCu 0.05%~1.49%，平均 0.46%。Ⅰ号矿体工业矿石量 1003.97 万吨，低品位矿石量 18663.82 万吨。

2.2.1.2　Ⅱ号矿体

Ⅱ号矿体位于Ⅰ号矿体之上，为铜钼矿体，是主矿体，熔矿岩石以花岗闪长斑岩为主（约占 85.68%），其次为花岗闪长岩（约占 13.13%），还有少量石英闪长斑岩和构造角砾岩；顶板的富矿围岩主要为花岗闪长斑岩（约占 70.73%），其次为花岗闪长岩（约占 21.64%），还有少量石英闪长斑岩、石英正长斑岩和构造角砾岩；底板的富矿围岩主要为花岗闪长斑岩（约占 76.98%），其次为花岗闪长岩（约占 13.29%），还有少量似斑状花岗闪长岩、石英正长斑岩、石英闪长斑岩、构造角砾岩和二长闪长岩。矿石矿物以黄铜矿为主，其次为辉钼矿。

矿体在空间上总体呈北东南西向放置的马鞍状，走向长 862~2526 m，倾向延伸 274~1812 m，延展面积 2.94 km²，平面展布面积 2.14 km²，矿体规模达到特大型。分布标高 -257~508 m，埋深在 18~808 m。矿体形态为似层状-大透镜状，走向自北东向—近东西向—北西向转为近南北向，相应的倾向自北西—北北东到东倾，倾角 1°~70°，呈半弧形展布。Ⅱ号矿体总体上呈现厚度大较稳定的特点，厚度 4.01~291.66 m 不等，平均 67.7 m，属于较稳定型。矿体品位：Cu 0.01%~2.08%，平均 0.39%；Mo 0.001%~0.178%，平均 0.029%；ZCu 0.01%~2.22%，平均 0.50%。Ⅱ号矿体资源量：工业矿石量 36821.21 万吨，低品位矿石量 63447.46 万吨。

2.2.1.3　Ⅲ号矿体

Ⅲ号矿体空间上位于Ⅱ号主矿体上方，熔矿岩石以花岗闪长斑岩为主（约占 60.70%），其次为花岗闪长岩（约占 38.59%），还有少量的石英闪长斑岩；顶板的富矿围岩主要为花岗闪长斑岩（约占 59.21%），其次为花岗闪长岩（约占 23.63%），还有少量石英闪长斑岩和石英正长斑岩；底板的富矿围岩主要为花岗闪长斑岩（约占 66.69%），其次为花岗闪长岩（约占 19.76%），还有少量石英闪长斑岩和石英正长斑岩。矿石矿物以黄铜矿为主，其次为辉钼矿。

该矿体分布标高 -133~561 m，埋深为 88~776 m。在 350 m 标高以上，矿体呈半弧形展布，倾角为 20°~68°；在 350 m 标高以下矿体呈北东走向，倾向北西，且倾角变陡，角度 47°~67°。该矿体总体走向 47°~90°，倾向 317°~360°，倾角 11°~77°；走向长 200~1070 m，延伸 135~450 m，延展面积 0.42 km²，展布面积 0.28 km²。Ⅲ号矿体厚度 4.07~66.98 m 不等，平均 22.56 m。矿体品位：Cu 0.01%~2.32%，平均 0.44%；Mo 0.001%~0.170%，平均 0.023%；ZCu 0.01%~3.43%，平均 0.53%。Ⅲ号矿体资源量：工业矿石量 3136.10 万吨，低品位矿石量 3866.26 万吨。

2.2.1.4 Ⅳ号矿体

Ⅳ号矿体是以铜蓝和黄铜矿化为主的隐伏铜钼矿体，展布面积 1.8 km²，容矿岩石主要为中细粒花岗闪长岩（约占 98.44%），其次为花岗闪长斑岩（约占 1.56%）。顶板的富矿围岩均为中细粒花岗闪长岩；底板的富矿围岩以中细粒花岗闪长岩为主（约占 56.82%），其次为花岗闪长斑岩（约占 28.16%）和构造角砾岩（约占 15.02%）。

该矿体分布标高 308~486 m，埋深为 30~370 m。矿体形态为似层状，总体走向为 322°，倾向 232°，倾角 4°~18°，走向长 200~854 m，延伸 170~648 m，延展面积 1.04 km²，展布面积 0.25 km²。矿体厚度 4.03~61.77 m，平均 19.23 m。矿体品位：Cu 0.12%~0.82%，平均 0.36%；Mo 0.002%~0.081%，平均 0.023%；ZCu 0.17%~0.92%，平均 0.45%。Ⅳ号矿体内工业矿石量 620.26 万吨，低品位矿石量 1030.24 万吨。

2.2.2 围岩及夹石

2.2.2.1 围岩

矿体的顶底板围岩类型比较单一，主要为花岗闪长斑岩，次为花岗闪长岩，局部为似斑状花岗闪长岩、石英正长斑岩和构造角砾岩。由于不同矿体所处的位置不同，其围岩类型及比例也有所不同。Ⅱ号矿体顶板围岩中花岗闪长斑岩占 75%，花岗闪长岩占 19.33%，其底板围岩中花岗闪长斑岩占 88.25%，花岗闪长岩占 5.04%。Ⅲ号矿体顶板围岩中花岗闪长斑岩占 65.22%，花岗闪长岩占

21.74%，其底板围岩中花岗闪长斑岩占 56.22%，花岗闪长岩占 17.39%。

花闪长斑岩和花岗闪长岩围岩的金属矿物（质量分数）有：黄铁矿（5%～10%），黄铜矿（<1%）和辉钼矿（<0.1%），脉石矿物主要为石英石（40%～60%），绢云母（15%～20%），黏土矿物（包括伊利石、高岭石、少量蒙脱石和地开石等，总量 10%～15%），暗色矿物（原生和次生黑云母为主，次为蚀变绿泥石，少量角闪石残留，总量 10%），钾长石（3%～5%）。脉石矿物主要为斜长石（30%～40%）、黑云母（10%～15%）和石英（20%～30%）、钾长石（5%～15%）组成。局部接触带具轻微蚀变，斜长石斑晶具轻微绢云母化、碳酸盐化和硬石膏化，部分黑云母斑晶被绿泥石、绿帘石和碳酸盐交代后成假象。石英正长斑岩围岩无蚀变矿化，属成矿期后侵入的脉岩。矿物成分（质量分数）主要为钾长石（35%～60%）、斜长石（5%～15%）、石英（5%～20%）和黑云母（1%～3%）。

2.2.2.2　矿体夹石

矿山采用铜钼比值 4∶1 来折算铜当量指标（ZCu），当量工业指标：边界品位 0.2%，最低工业品位 0.4%，最小可采厚度 4 m，夹石剔除厚度 8 m，米百分值 1.6 进行矿体圈矿。将工业矿体内部 ZCu<0.2% 的各类矿化或者无矿化的岩石作为广义上的夹石，其中，真厚度大于 8 m，作为夹石圈定剔除，真厚度小于8 m，圈入矿体后不影响单工程矿石工业品级。矿体内小夹石在单工程中为含量低于最低边界品位，真厚度达不到 8 m，在矿体中零散分布，岩性以花岗闪长斑岩为主，少量二长闪长岩和花岗闪长岩或后期脉岩，此类小夹石不剔除。剔除夹石在单工程中含量低于最低边界品位，或后期侵入的无矿化脉岩，真厚度超过8 m，或者真厚度虽小于 8 m，但圈入矿体后影响单工程矿石工业品级，遂单独圈出作为夹石剔除，但不影响矿体在走向、倾向上的完整性。

2.3　水文地质条件

矿段周边植被发育，通视条件较差，基岩出露不好，岩石风化强烈，无大的地表水体。岩石浅部主要受风化作用控制，深部受构造控制。由于岩石在空间上分布很不均匀，故岩石富水性在空间上分布也极不均匀。风化带发育地段，岩石透水性较强，富水性相对较好。裂隙发育地段，岩石破碎，富（透）水性也相对较好，反之则差。由于矿段岩石裂隙以微张为主，且多数为 Fe、Mn 质或黏土矿物充填、半充填，故矿区岩石富水性较差，以弱~极弱为主，局部可达中等。矿段内断裂构造较发育，但断裂构造导水性较差，以不导水和局部导水为主。矿段内地下水水位埋深变化大，径流短，排泄快。大气降水是地下水的唯一补给来源，风化裂隙潜水、基岩裂隙承压水是矿床的主要充水因素。

2.3.1　岩石富水性

矿段北东方向低洼地带的承压水是以条带状形态赋存在强黄铁绢英岩化中细粒花岗闪长岩碎裂岩体内，赋存规律与岩浆侵入活动、断裂构造活动、岩体特征等关系十分密切。

（1）燕山晚期强烈的岩浆侵入活动使四坊岩体（中细粒花岗闪长岩）在上部岩体（重力体）与下部岩体（侵入体）联合挤压作用下成为一个应力集合体（受压体）的同时，造成岩体内部产生大量的构造裂隙。自然状态下，碎裂岩体是一个相对完整的岩体，但在钻具的扰动破坏作用下，岩体内应力得以释放，岩石沿构造裂隙碎裂。碎裂岩体内部构造裂隙极为发育的特征条件，为地下水的赋存提供了良好的空间条件。

（2）矿段内断裂构造较为发育，以北东向和北西向为主，是区域性控岩控矿构造，有的断裂构造还具有多次活动的特征，强烈的构造作用结果促使碎裂岩体内部构造裂隙进一步密集化或构造活动促使碎裂岩体内部密集裂隙趋于张开（或呈微张状），为风化裂隙潜水下渗成为承压水提供了良好的渗流通道。

（3）隔水带埋藏于风化带以下，由完整坚硬~半坚硬、碎裂半坚硬岩石组成，富水性极弱~隔水。在风化裂隙潜水含水带与基岩裂隙承压水含水带之间埋藏一个比较完整的隔水带，且矿段深部隔水带厚度较大。

2.3.2　断裂构造导水性

矿段内断裂构造较发育，与区域构造相一致，以北东和北西向断裂为主，同时发育两条近南北向的次级断裂。除断裂构造外，北东、北西向节理构造也很发育，其次是南北向节理裂隙。矿段断裂导水性较差，以不导水和局部导水为主。

（1）北东向断裂沿北东方向横穿整个矿段，地貌上表现为一条深沟，该断裂两侧有泉水出露，泉水流量一般为 0.01~0.344 L/s，最大为 0.55 L/s。

（2）北西向断裂，北西向贯穿矿区。构造角砾岩带自上而下变小至不明显，胶结物以岩粉胶结为主，显示断裂具左旋压扭特征。发育于断裂带中基岩下降泉（泉群），流量为 0.014~0.039 L/s，最大为 0.096 L/s。该构造断裂仅局部导水，导水性弱~极弱。

（3）近南北向断裂位于矿段西部，规模不大。断裂带内可见构造角砾岩、碎裂岩等，胶结物以泥质胶结和硅质胶结为主。该断裂性质显示为左旋压扭性平移断层。其两侧未见泉水出露，为不导水断裂。

2.3.3　矿床充水因素

矿床充水因素包括大气降水、风化裂隙潜水、基岩裂隙承压水和地表水。

（1）大气降水。矿段内地表径流排泄条件好，风化-构造裂隙发育，裂隙分布较密集，岩石破碎，有利于大气降水渗入。大气降水是矿段地下水的唯一补给来源，对矿床充水产生间接的影响。

（2）风化裂隙潜水。矿段内风化带裂隙潜水含水带分布广泛，富水性弱~极弱~中等。风化带裂隙潜水的排泄途径主要是通过断裂带向深部径流补给基岩裂隙承压水，少量在矿段外围低洼地段通过残坡积层以下降泉的形式排出地表。风化裂隙潜水为矿床间接充水水源。但由于矿体在空间上总体呈北东—南西向马鞍状，鞍部矿床埋深浅（最浅处约 18 m）。因此，风化带裂隙潜水又成为近地表矿床的直接充水水源。

（3）基岩裂隙承压水。矿段内基岩裂隙承压水赋存于风化裂隙潜水含水带下部构造破碎带中，含水带富水性弱~极弱，局部中等，为矿床直接充水水源。

（4）地表水。矿段内无大的地表水体，仅为山涧小溪沟，其汇水面积不大，在枯期多数上游时常发生枯竭断流现象。由于地表径流排泄畅通，一般对矿坑充水的影响甚微。

综上所述，矿段范围内无大的地表水体，钻孔抽（放）水试验结果表明，单位涌水量为 0.073~0.1057 L/(s·m)，渗透系数为 0.0145~0.42 m/d，裂隙承压水含水层富水性弱，局部可达中等。断裂导水性弱~极弱。预测 400 m 中段以上矿坑涌水量最大为 3780 m³/d，平均为 1592 m³/d。预测 350 m 中段以上矿坑涌水量最大为 5799 m³/d，平均为 2321 m³/d。预测 200 m 中段以上矿坑涌水量最大为 12128 m³/d，平均为 4853 m³/d。矿段水文地质条件简单，矿床属裂隙充水矿床，水文地质条件中等。

2.4　地　应　力

地应力是存在于地层中未受工程扰动的天然应力。地应力是引起地下采场、采矿工程围岩和支护结构变形与破坏的根本作用力，是确定工程岩体力学属性、进行岩体稳定性分析、岩体可崩性分级、实现岩土工程开挖设计和决策科学化的必要前提。其中，构造应力场和重力应力场是地应力场的主要组成部分。

由矿床地质条件中的断裂构造特征可知，矿区断裂构造所表现的构造应力是复杂多变的，是不同地质年代不同构造运动的产物和表现。该矿区的构造应力场是经历不同地质年代不同构造运动的综合叠加结果，不能简单地归于某个构造运动的应力场。在历史上该矿区的地应力场是变化的，是早期地质构造不断地被较晚期地质构造所改造、叠加的结果。

地应力测量采用的是应力解除法，测量结果由矿山提供。地应力测量结果表明：

（1）实测地应力均有两个主应力为近似水平方向，且其中一个为最大主应力，方向为 SE～NW 向，另一个主应力为近似竖直方向。

（2）最大水平主应力的特征。+340 m 水平的 3 个测点的实测最大主应力为水平方向，方向在 318.9°～347.7°范围内变化，其倾角大小在 -3.2°～0°范围内变化，数值大小在 18.48～20.85 MPa 范围内变化，侧压系数在 1.620～1.761 范围内变化，表明该矿区水平构造应力较大，水平构造应力占主导地位，且作用方向为 SE～NW 向。

（3）较小水平主应力的特征。+340 m 水平的 3 个测点较小水平主应力均为最小主应力，方向在 48.6°～77.7°范围内变化，其倾角大小在 -5.2°～5.7°范围内变化，应力数值大小在 10.98～11.84 MPa 范围内变化。

（4）竖向主应力的特征。+340 m 水平的 3 个测点竖向主应力均为中间主应力，其倾角大小在 83.3°～88.4°范围内变化，应力数值大小在 13.09～15.80 MPa 范围内变化，基本接近上覆岩体自重应力。

2.5 矿岩点荷载强度的研究

点荷载试验是岩土工程实践中测定岩石强度的主要试验之一，由于其具有操作简单、对岩石试件的加工要求低、便于在施工现场或实验室试验等一系列优点[117]，点荷载强度已被作为可崩性评价的重要指标之一，也被用来预估岩石力学参数和评价岩石强度的各向异性。

点荷载试验是将岩石试件置于点荷载仪的两个球状圆锥之间，施加垂直集中荷载直至试件破坏，依据破坏荷载、岩石试件尺寸、试件形状和加载方式获取岩石的点荷载强度。国内外许多学者对点荷载试验中试件的形状进行了研究，常用的试件包括圆柱形岩芯（轴向或径向加载）、规则或不规则岩块。Chau K T 等[118]和 Russell A R 等[119]从理论方面分析了点荷载试验中球状试件的受力状态。大量的学者研究了非规则岩块的点荷载试验，但结果表明试验数据是非常离散的。Wong R H C 等[120]研究了不规则火山岩的点荷载试验；Yin Jian-Hua 等[121]研究了不规则花岗岩的点荷载试验；Hobbs D W 等[108]研究了不规则煤系岩以及石灰岩的点荷载试验；Hiramatsu Y 和 Oka Y[122]研究了点荷载试验中不规则试件的应力状态；Panek L A 和 Fannon T A[123]研究了不规则岩块的尺寸和形状对点荷载试验的影响。当然，也有许多学者研究了圆柱形试件的点荷载试验。Khanlari G R 等[124]研究了圆柱形变质岩试件的点荷载试验；Chau K T 和 Wong R H C[125]等研究了圆柱岩芯轴向加载的点荷载试验；Palchik V 和 Hatzor Y H[126]研究了圆柱形多孔白垩岩的点荷载强度；Tsiambaos G 和 Sabatakakis N[127]进行了圆柱形沉积岩的点荷载试验研究；Fener M 等[128]进行了 11 种岩石（6 种火成岩，3 种变质岩，2 种沉积岩）的点荷载试验，研究了点荷载强度（岩芯试件）与单轴抗压强度间的关系；Fener M 和 Ince I[129]研究了圆柱形花岗岩的点荷载强度。上述研究表明点荷载试验中圆柱形岩芯的轴向或径向加载获得的试验结果要优于不规则岩块，同时，不同形状的岩石试件进行点荷载试验后，其计算点荷载强度的方法也不同。

目前，点荷载试验和点荷载强度的计算方法已经被国际岩石力学学会（ISRM）[109]标准化，并被广泛地应用。其中破坏荷载、岩石试件尺寸、岩石试件形状和加载方式均影响着岩石点荷载强度的计算方法。点荷载强度指标 $I_{s(50)}$ 的计算公式[109]为：

$$I_{s(50)} = F \times I_s = \frac{P}{D_e^2} \times \left(\frac{D_e}{50}\right)^{0.45} \tag{2-1}$$

式中　$I_{s(50)}$——岩芯直径 50 mm 的点荷载强度，MPa；

　　　I_s——未经修正的点荷载强度，MPa；

　　　F——修正系数；

　　　P——破坏荷载，N；

　　　D_e——等价岩芯直径，mm。

当圆柱岩芯径向加载时，等价岩芯直径 D_e 的计算公式[109]为：

$$D_e = D \tag{2-2}$$

式中　D——两加载点间的间距，mm。

当圆柱岩芯轴向加载，以及规则或不规则岩块试验时，D_e 的计算公式[109]为：

$$D_e^2 = \frac{4A}{\pi} = \frac{4WD}{\pi} \tag{2-3}$$

式中　A——两加载点的最小横截面积，mm^2；

　　　W——两加载点最小截面的宽度，mm。

2.5.1　半圆柱岩芯

国际岩石力学学会（ISRM）已经对圆柱岩芯（径向和轴向加载）点荷载试验、切割岩块（规则岩块）点荷载试验、不规则岩块点荷载试验的试验方法、岩石试件的形状和尺寸、点荷载强度指标 $I_{s(50)}$ 的计算方法均做出了详细的说明。然而矿山勘探阶段所钻取的岩芯由于要进行取样分析确定其组成元素及含量会被劈样处理，因此存留的岩芯为半圆柱岩芯，如图 2-4 所示，目前尚未形成利用半圆柱岩芯获得点荷载强度指标的计算方法。若通过半圆柱岩芯的点荷载试验确定出点荷载强度指标 $I_{s(50)}$，对于进一步推广点荷载试验和指导矿山采矿工程设计均具有重要的意义。

首先，进行了半圆柱岩芯的点荷载试验。半圆柱岩芯试件均取自一个钻孔内同一岩性分层的 18 块中细粒花岗闪长岩。依据国际岩石力学学会（ISRM）对试件尺寸的基本要求，半圆柱岩芯试件的加载方向只能沿着半径方向（径向）。破坏后的试件如图 2-5 所示。然后，依据破坏后试件的破裂面是否通过两个加载点的原则，去除破裂面仅通过一个加载点的试验数据（2 个）。最后，采用切尾平均法（去除 2 个最大值和 2 个最小值）计算点荷载强度指标 $I_{s(50)}$ 的平均值。对

彩图

图 2-4 半圆柱岩芯

半圆柱岩芯的点荷载试验而言，其加载方向为沿着径向方向，但其形状又不是圆柱形，因此分别采用圆柱形岩芯径向加载［式（2-1）和式（2-2）］和不规则岩块加载［式（2-1）和式（2-3）］时的两种计算方式来初步计算半圆柱岩芯的点荷载强度。图 2-6 是分别按圆柱岩芯径向加载（方式 1）和不规则岩块加载（方式 2）的计算结果，按方式 1 计算得出 $I_{s1(50)}$ 为 4.526 MPa，离散系数（标准差与均值的比值）为 0.242，按方式 2 计算得出 $I_{s2(50)}$ 为 2.444 MPa，离散系数为 0.442。结果表明这两种方式获得的点荷载强度值和离散系数均有较大差别，不能确定哪种方式可用来计算半圆柱岩芯的点荷载强度。然而方式 1 的离散系数小于方式 2 的离散系数，并且由于受主观因素的影响，测定岩石破坏后通过两加载点最小截面的宽度 W 或通过两加载点的最小横截面积 A 时会存在一定的误差。所以，若确定出点荷载试验中圆柱岩芯径向加载与半圆柱岩芯径向加载时的关系，半圆柱岩芯的点荷载试验程序将会被简化并且试验效率将被提高。

图 2-5　破坏后的半圆柱岩芯试件

彩图

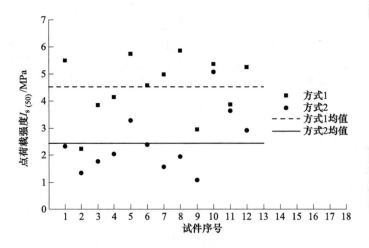

图 2-6　按不同加载方式的点荷载强度对比

彩图

2.5.2 半圆柱岩芯的点荷载强度

点荷载试验无论是现场试验还是实验室试验，均是耗时、耗力以及缺乏重复性。同时由图 2-6 以及大量的测试数据表明点荷载试验的离散性很大（由于岩石内含有大量的裂隙和孔隙），通常以增加岩石试件的数量来提高测试精度，这不仅增加了试验强度同时在一定程度上也不利于对点荷载试验的规律性研究，而数值模拟可保证所测试试件性质的一致性，同时也可以监测试件内部裂隙的产生以及变化状况。因此本书将采用物理试验和数值模拟相结合的方法，来研究点荷载试验中圆柱岩芯径向加载与半圆柱岩芯径向加载之间的关系。

2.5.2.1 点荷载试验的数值模拟

PFC^{3d}[130]是利用显式差分算法和离散元理论开发的软件，原理是采用介质最基本单元（颗粒）、最基本的运动法则（牛顿第二定律）以及颗粒间相互作用机制（接触模型）来反映颗粒集合体的复杂力学行为或力学特性。

A　Flat-Joint 接触模型

PFC^{3d}中颗粒集合体在不同计算模型中是通过接触点处的力和力矩产生相互作用，并且会随着模拟条件不断更新颗粒间的力和力矩。综合考虑脆性岩石的基本性质，本次数值模拟中接触本构模型选取 Flat-Joint[130]接触模型。该模型将圆形颗粒构造成多边形颗粒，黏结颗粒破坏后的旋转被抑制，可获得较大的压拉比。其力学模型示意图如图 2-7 所示，接触力 F_c 与接触力矩 M_c 的力学公式[130]为：

$$F_c = \sum_{\forall e} F^{(e)} \tag{2-4}$$

$$M_c = \sum_{\forall e} \left[r^{(e)} \times F^{(e)} + M^{(e)} \right] \tag{2-5}$$

式中　$F^{(e)}$——单元接触力；

$M^{(e)}$——单元接触力矩；

$r^{(e)}$——相对位置。

当颗粒黏结状态下，颗粒单元的法向力 $F_n^{(e)}$、法向应力 $\sigma^{(e)}$、剪切力 $F_s^{(e)'}$、剪切应力 $\tau^{(e)'}$ 及剪切强度 $\tau_c^{(e)}$ 的受力表达式[130]分别为：

$$F_n^{(e)} = \int_e \sigma \mathrm{d}A \tag{2-6}$$

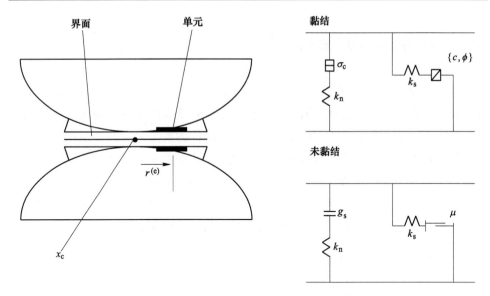

图 2-7　Flat-Joint 接触模型的力学行为示意图

$$\sigma^{(e)} = \frac{F_n^{(e)}}{A^{(e)}} \tag{2-7}$$

$$F_s^{(e)'} = F_s^{(e)} - k_s A^{(e)} \Delta \widehat{\delta}_s^{(e)'} \tag{2-8}$$

$$\tau^{(e)'} = \| F_s^{(e)'} \| / A^{(e)} \tag{2-9}$$

$$\tau_c^{(e)} = c - \sigma^{(e)} \tan\varphi \tag{2-10}$$

式中　　$A^{(e)}$——单元横截面面积；

$\quad\quad$ k_s——剪切刚度；

$\quad\quad$ c——黏聚力；

$\quad\quad$ φ——内摩擦角；

$\quad\quad$ $\Delta \widehat{\delta}_s^{(e)'}$——相应剪切位移增量。

当单元法向应力 $\sigma^{(e)}$ 大于抗拉强度 σ_c 时黏结单元发生张拉断裂，生成拉伸裂缝；当单元切向应力 $\tau^{(e)'}$ 大于抗剪强度 $\tau_c^{(e)}$ 时，黏结发生剪切断裂，生成剪切裂缝。

非黏结状态下，颗粒单元的剪切强度 $\tau_c^{(e)}$ 的受力表达式[130]为：

$$\tau_c^{(e)} = \mu \sigma^{(e)} \tag{2-11}$$

式中　　μ——摩擦系数。

当单元切向应力 $\tau^{(e)'}$ 小于等于抗剪强度 $\tau_c^{(e)}$ 时，颗粒不发生滑移；当切向应力 $\tau^{(e)'}$ 大于等于抗剪强度 $\tau_c^{(e)}$ 时，颗粒间产生剪切滑移。

B　数值模拟参数的确定

PFC^{3d}是通过设置接触本构模型，从而实现对岩石材料宏观性质的模拟。接触模型的微观参数与岩石材料的宏观参数不同，需通过数值单轴抗压试验与点荷载数值试验将 Flat-Joint[130] 接触模型的微观参数与岩石材料的宏观参数相匹配。矿山测得的部分岩石力学参数详见表2-1。

表 2-1　不同岩石的力学性质表

序号	岩石类型	取样深度/m	抗压强度/MPa	弹性模量/GPa	泊松比
1	花岗闪长岩	696.6~701.7	67.0	33.7	0.24
2	似斑状花岗闪长岩	873.2~885.4	89.6	43.7	0.22
3	花岗闪长岩	423.7~430.5	55.7	42.9	0.21
4	花岗闪长岩	729.4~739.4	103.8	41.5	0.21
5	似斑状花岗闪长岩	855.5~861.3	93.5	38.8	0.23
6	花岗闪长斑岩	851.0~863.0	99.6	40.7	0.21
7	花岗闪长岩	471.0~478.0	24.2	41.0	0.20
8	花岗闪长岩	477.8~483.0	43.4	58.7	0.25
9	花岗闪长斑岩	503.8~507.9	90.8	36.0	0.21
10	花岗闪长斑岩	531.5~534.8	28.4	44.8	0.21
11	花岗闪长斑岩	463.1~474.6	71.6	33.5	0.24

　　由表2-1可知，位于不同位置处的同类型岩石，其力学参数也有较大的差异，所以标定矿山全部岩石不太现实。基于岩石点荷载强度与岩石单轴抗压强度间具有良好的相关性这一结论[109]，本次标定和研究的主要参数为岩石单轴抗压强度，且综合考虑微观参数的标定过程，从表2-1中选择 2 号似斑状花岗闪长岩、3 号花岗闪长岩以及 10 号花岗闪长斑岩作为接触模型微观参数的标定目标。通过大量的重复数值单轴抗压试验来标定 Flat-Joint 接触模型的微观参数并结合数值点荷载试验进行验证。数值模拟中颗粒的粒径为 2~3 mm，颗粒的密度为 2.748 g/cm^3，其他微观参数及对应的宏观参数详见表2-2，即表2-1中的 2 号似斑状花岗闪长岩、3 号花岗闪长岩以及 10 号花岗闪长斑岩分别对应表2-2中的参数 1、参数 2、参数 3。3 种参数的数值单轴抗压试验曲线如图2-8所示。

表 2-2　点荷载试验模型参数表

名　称		参数 1	参数 2	参数 3
细观参数	有效模量 fj_emod/GPa	15.00	15.00	15.00
	刚度比 fj_kratio	0.36	0.36	0.36
	摩擦角 fj_fa/(°)	52.00	52.00	52.00
	摩擦系数 fj_fric	0.50	0.50	0.50
	抗拉强度 fj_ten/MPa	1.00	0.70	0.30
	内聚力 fj_coh/MPa	20.00	12.00	5.80
宏观参数	抗压强度/MPa	90.54	55.70	28.31
	弹性模量/GPa	43.87	43.28	44.30
	泊松比	0.21	0.21	0.20
	破坏荷载 P/kN	10.40	6.59	3.14
	点荷载强 $I_{s(50)}$/MPa	4.16	2.64	1.26

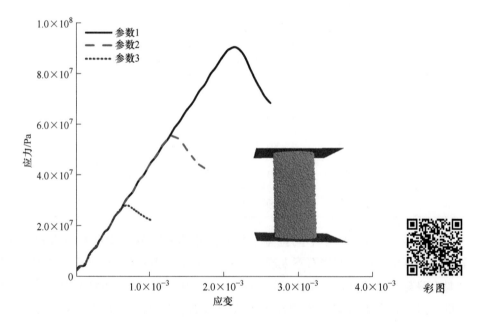

图 2-8　单轴加载应力应变曲线

　　在既定参数下进行直径为 50 mm 圆柱（模拟圆柱形岩芯）的径向点荷载数值试验，其中岩石破坏荷载曲线如图 2-9 所示，计算得参数 1、参数 2、参数 3 对应的点荷载强度分别为 4.16 MPa、2.64 MPa、1.26 MPa。结合单轴抗压强度值，可得参数 1、参数 2、参数 3 分别对应的单轴抗压强度为点荷载强度的 21.76 倍、

23.80 倍、22.47 倍，符合单轴抗压强度与点荷载强度之间的近似关系（20～25 倍[109]），表明 PFC^3d 用来模拟岩石点荷载试验是可行的。

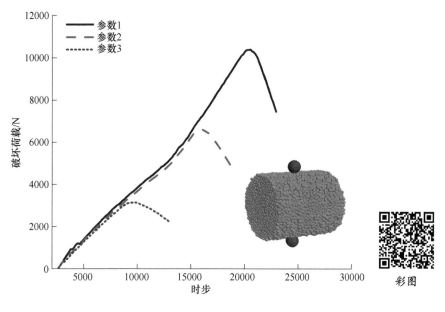

图 2-9　点荷载曲线图

C　点荷载数值试验的微观裂缝

点荷载试验中黏结颗粒会在施加荷载的作用下破坏，形成裂缝。借助 FISH 语言可以监测产生裂缝的数量以及裂缝产生的原因。以参数 1 为例，加载间距为 30 mm 时圆柱岩芯（长径比 1.3）与半圆柱岩芯（长径比 2）径向加载时产生的裂缝与施加荷载变化如图 2-10 所示。

由图 2-10 可知，点荷载试验中岩石在点荷载（集中荷载）的作用下首先在加载点附近形成压应力，在压应力的作用下产生剪切裂缝；随着施加荷载的增加，在距加载点一定距离之外形成拉应力，在拉应力的作用下产生拉伸裂缝，并且随着施加荷载的增加拉伸裂缝的数量相对剪切裂缝的数量急剧增加；当施加荷载达到岩石的破坏荷载时，岩石最终在拉应力的作用下而破坏。结果表明，半圆柱试件的破坏荷载以及内部产生的拉伸裂纹数量均高于圆柱试件，但剪切裂缝的数量无较大的差异，这是因为加载间距相同但半圆柱试件的横截面积大于圆柱试件，为了确定二者之间破坏荷载的关系，分别进行了圆柱与半圆柱试件的点荷载数值试验。

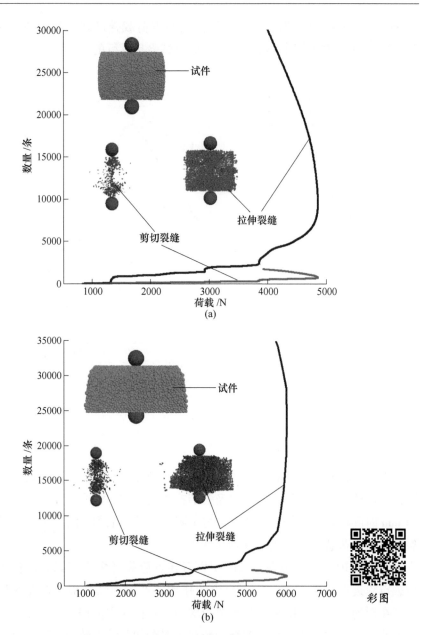

图 2-10　试件的裂缝与施加荷载变化图

（a）圆柱试件；（b）半圆柱试件

D　圆柱试件径向加载时的点荷载数值试验

为了确定出圆柱岩芯径向加载时点荷载强度与半圆柱岩芯点荷载强度之间的

关系，首先对圆柱试件进行了数值点荷载试验。矿山勘探阶段所用钻孔直径主要为 75 mm，由钻孔获得的圆柱岩芯直径为 50~70 mm。圆柱岩芯被劈样处理后，得到的半圆柱岩芯的半径为 25~35 mm，根据现场实测，大量的半圆柱岩芯半径为 25~28 mm。综合考虑点荷载岩石试件尺寸及研究需求，确定圆柱形试件的加载间距（圆柱形岩芯的直径）分别为 18 mm、22 mm、26 mm、30 mm、34 mm、38 mm、50 mm。对上述圆柱形试件进行点荷载数值模拟，得到不同直径（加载间距）的圆柱形试件所对应的破坏荷载如图 2-11 所示。由图 2-11 可知，不同参数的圆柱形试件破坏荷载均随着加载间距的增加而增大。

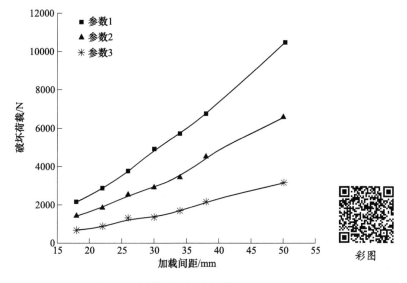

图 2-11　圆柱形试件破坏荷载

根据式（2-1）和式（2-2）分别计算圆柱形试件径向加载时的点荷载强度 $I_{s(50)}$，计算结果见表 2-3。由表 2-3 可知，在相同的参数下，不同直径的圆柱形试件对应的点荷载强度值非常接近，离散系数分别为 0.02（参数 1）、0.04（参数 2）和 0.07（参数 3）。计算结果也表明所建立的数值模型用来研究岩石点荷载试验是可行的。

表 2-3　圆柱形试件点荷载强度表

岩芯直径	参数 1 点荷载强度/MPa	参数 2 点荷载强度/MPa	参数 3 点荷载强度/MPa
18 mm	4.16	2.78	1.32
22 mm	4.06	2.64	1.18

岩芯直径	参数 1 点荷载强度/MPa	参数 2 点荷载强度/MPa	参数 3 点荷载强度/MPa
26 mm	4.10	2.80	1.43
30 mm	4.32	2.57	1.16
34 mm	4.14	2.49	1.20
38 mm	4.11	2.76	1.34
50 mm	4.16	2.63	1.26
均值	4.15	2.67	1.27
标准差	0.08	0.11	0.09
离散系数	0.02	0.04	0.07

E　长径比对半圆柱试件点荷载试验的影响

同种岩性（参数）条件下，岩石试件的尺寸和形状是影响点荷载强度计算方法的重要因素，就半圆柱岩芯而言，影响因素为长径比 b（长度 l/直径 D）与加载间距 r（半圆柱岩芯径向加载时 r 为半径，$D = 2r$），建立的半圆柱数值模型如图 2-12 所示。

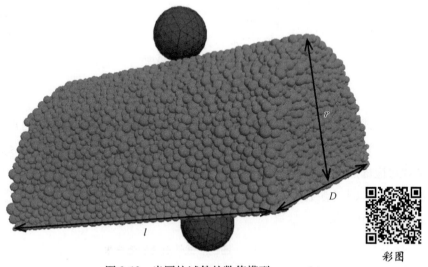

彩图

图 2-12　半圆柱试件的数值模型

在半圆柱试件加载间距 r（22 mm、26 mm、30 mm）一定的条件下，改变半圆柱试件的长度 l 进行点荷载数值模拟试验，得到的半圆柱试件长径比与破坏荷载间的关系，如图 2-13 所示。由图 2-13 可知，同种参数的半圆柱试件当加载间距一定时，破坏荷载随着长径比的增大呈现出先增大后趋于稳定的趋势。同时试验结果表明，长径比大于 0.9 时半圆柱试件的破坏荷载呈现出基本稳定的趋势，因此在点荷载试验中选取的半圆柱岩芯试件需满足长径比大于 0.9。

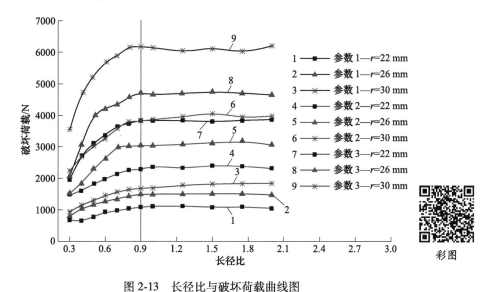

图 2-13 长径比与破坏荷载曲线图

F 加载间距对半圆柱试件点荷载试验的影响

在满足半圆柱试件长径比大于 0.9 的条件下，进行不同加载间距（半径分别为 18 mm、22 mm、26 mm、30 mm、34 mm、38 mm、50 mm，且长径比为 1）的半圆柱试件点荷载强度的数值试验，得到半圆柱试件加载间距与破坏荷载间的关系如图 2-14 所示。由图 2-14 可知，同种岩性的半圆柱试件，当长径比大于 0.9 时，半圆柱试件的破坏荷载随着半圆柱试件加载间距 r（即半圆柱试件的半径）的增大而增大。

2.5.2.2 点荷载物理试验

为了验证数值模拟结果的正确性，在点荷载数值试验的基础上，进行花岗岩和砂岩的点荷载物理试验，确定的试件参数详见表 2-4。其中每类试件的数量均为 10 件，且保证选择的花岗岩和砂岩性质基本一致以及无明显的裂缝。试验中保持加载点位于试件中心位置，图 2-15 显示了点荷载物理试验中花岗岩和砂岩破坏前后的状态以及点荷载试验。

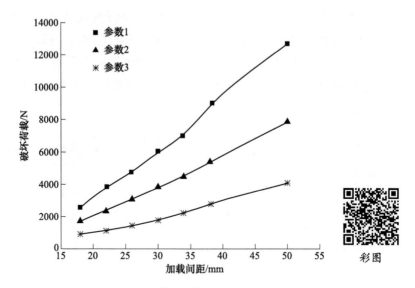

图 2-14　加载间距与破坏荷载曲线图

表 2-4　物理试验中岩石试件的尺寸

试件形状	直径/mm	长度/mm	长径比
圆柱	50	60	1.200
	40	50	1.250
	25	30	1.200
半圆柱	100	110	1.100
	80	90	1.125
	50	70	1.400
	50	55	1.100
	50	45	0.900
	50	35	0.700
	50	25	0.500

　　试验中发现，半圆柱试件长径比较小时（见图 2-16 的长径比为 0.5）试件破坏面的方向基本沿着轴向方向，说明此时半圆柱岩芯的长度决定了试件的破坏荷载。随着长径比的增大（如图 2-16 所示的长径比为 1.1），试件将沿着不同方向破坏。因此，当长径比较小时岩石试件的长度对岩石破坏荷载的影响较大。

（a）　　　　　　　　　　　　　　（b）

（c）　　　　　　　　　　　　　　（d）

图 2-15　点荷载物理试验

（a）半圆柱形岩石试件；（b）半圆柱形试件的点荷载试验；

（c）圆柱形岩石试件；（d）圆柱形试件的点荷载试验

彩图

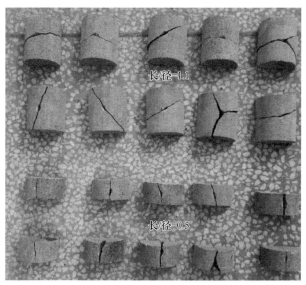

图 2-16　半圆柱试件的破坏面

彩图

　　依据国际岩石力学学会（ISRM）建议的方法对试验数据进行处理，其中半圆柱试件的长径比与破坏荷载间的关系如图 2-17 所示，圆柱与半圆柱试件的加载间距与破坏荷载间的关系如图 2-18 所示。由图 2-17 可知半圆柱试件的点荷载试验中，当试件的长径比大于 0.9 时，半圆柱试件的破坏荷载基本稳定。由图 2-18 可知，半圆柱试件的破坏荷载随着加载间距（试件的半径）的增大呈增大的趋势，并且在同种岩性同种尺寸条件下，半圆柱试件的破坏荷载大于圆柱试

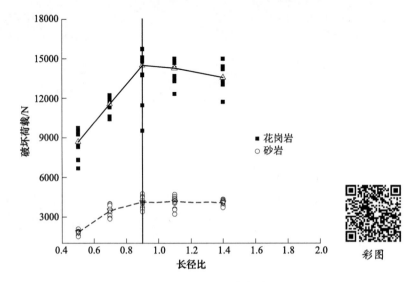

图 2-17　物理试验中长径比与破坏荷载关系图

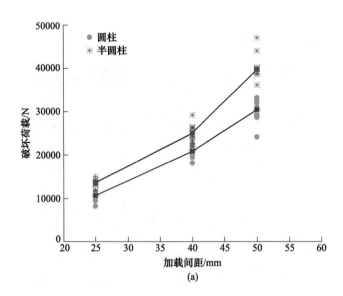

(a)

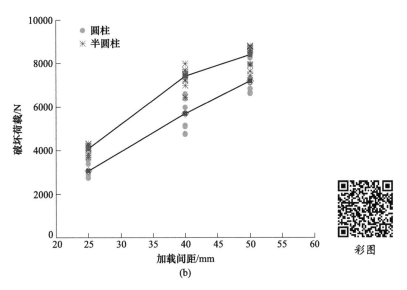

图 2-18　物理试验中加载间距与破坏荷载关系图

(a) 花岗岩；(b) 砂岩

件的破坏荷载。同时当加载间距分别为 50 mm、40 mm、25 mm 时，花岗岩的圆柱与半圆柱试件的破坏荷载之比分别为 0.77、0.83、0.78，砂岩的圆柱与半圆柱试件的破坏荷载之比分别为 0.86、0.77、0.75。上述结果表明，点荷载物理试验与数值试验结果一致。

2.5.2.3　半圆柱岩芯点荷载强度的计算方法

根据点荷载数值模拟和物理试验可知，采用半圆柱试件进行点荷载试验时，当长径比大于 0.9 时可以得到稳定的破坏荷载，因此在进行半圆柱岩芯点荷载试验时岩石试件的长径比需大于 0.9。

用圆柱试件径向加载时的破坏荷载值除以相同加载间距的半圆柱试件径向加载时的破坏荷载值，计算得到的结果如图 2-19 所示，其均值为 0.793（约为 0.8），离散系数为 0.048。

结果表明，当采用圆柱试件径向加载时的点荷载强度计算方法来计算半圆柱试件的点荷载强度，需满足的条件为半圆柱试件的长径比大于 0.9 且测得的破坏荷载乘以 0.8。根据上述结论，重新计算图 2-5 中的半圆柱岩芯点荷载强度（去除两个岩样长径比小于 0.9 的试验数值），则 $I_{s(50)}$ 为 3.698 MPa，离散系数为 0.187。

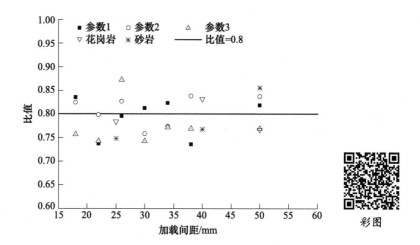

图 2-19　圆柱与半圆柱岩芯破坏荷载比值

综上所示，半圆柱岩芯试件径向加载时，在满足试件长径比大于 0.9 的条件下，其点荷载强度计算公式为：

$$I_{s(50)} = \frac{0.8P}{D^2} \times \left(\frac{D}{50}\right)^{0.45} \tag{2-12}$$

需要说明的是，无论数值模拟还是物理试验，获得的试验结果均有一定的离散性。数值模型中数据的离散与离散元的显示中心差分算法有关。在离散元动态模拟过程中，所选择的时间步长很小，则在单个时间步内，每个颗粒或墙体上的力仅由与其直接接触的颗粒决定。在点荷载数值模型中，岩样受到的荷载是通过给两加载点赋予恒定的速度来施加，施加荷载的值是由某一时步内两加载点接触力的均值确定。然而，岩样受到的是点荷载（集中荷载），在某一时步内与两加载点直接接触的颗粒不同，不同的颗粒在同一时步内其平衡状态存在微小的差距，即两加载点的接触力不同，如图 2-20 所示。但是同一时步内两接触点接触力的差异较小，模拟结果仍然可靠。物理试验中，岩样虽然尽可能取自同一种岩石，但岩石本身存在不均质性以及获取的岩样内部可能存在天然的裂纹，也可能在制样中产生裂纹，因此获得的试验值存在一定的离散性，这也是物理试验中为了提高试验精度将岩样数量取为 10 的原因。但是无论是数值模拟还是点荷载物理试验，试验结果的离散程度仍然是较低的，尤其是相对于现场点荷载试验。综上所述，关于点荷载物理试验和数值模拟的结果是可靠的。

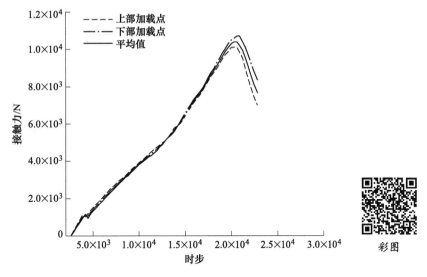

图 2-20　数值模拟中两加载点处的接触力

2.5.3　矿岩点荷载强度的测定

在半圆柱岩芯点荷载强度研究的基础上以及结合国际岩石力学学会（ISRM）建议的方法，对矿山保存的岩芯（包括圆柱和半圆柱岩芯）进行点荷载强度的试验测定。首先依据钻孔与矿体间的空间位置关系，从已保存的钻孔岩芯库中，与矿山工程技术人员共同讨论确定出对矿岩控制作用大的 25 个钻孔，每个钻孔岩芯的长度为 708~1048 m，总调查岩芯长度达 21761.8 m，确定的所测钻孔与矿体间的空间位置关系如图 2-21 所示。然后根据岩性是否一致、RQD 值是否接近将每个钻孔岩芯在垂直方向上划分为若干个组，按组分别进行点荷载测定试验，如图 2-22 所示，并计算出矿岩点荷载强度。

将获得的点荷载强度值按钻孔空间位置进行排列，得到了钻孔不同深度处点荷载强度指标的分布，如图 2-23 所示，该图作为后续可崩性评价的岩石强度指标数据。同时依据钻孔与矿体的空间位置关系，可确定不同位置处的矿岩点荷载强度值。结果显示，矿体上盘位置处的岩石点荷载强度分别为：花岗闪长岩 0.562~3.086 MPa，花岗闪长斑岩 0.401~2.368 MPa。矿体位置处的矿石点荷载强度分别为：铜钼矿 0.803~5.852 MPa，铜矿 2.518~4.782 MPa，钼矿 2.356~2.900 MPa。矿体内夹石的点荷载强度分别为：花岗闪长岩 1.516~5.642 MPa，花岗闪长斑岩 1.241~4.938 MPa，石英正长斑岩 2.836~6.074 MPa。矿体下盘位置处的点荷载强度分别为：花岗闪长岩 0.592~6.942 MPa，花岗闪长斑岩1.211~3.452 MPa。总体而言，矿体上盘位置处的岩石点荷载强度要小于矿石以及矿体下盘位置处的岩石点荷载强度。

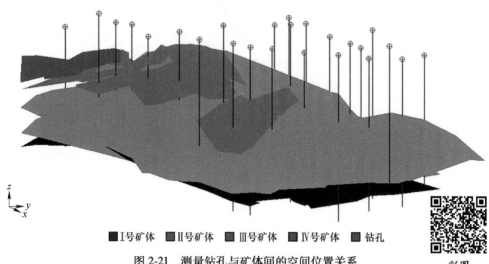

■Ⅰ号矿体　■Ⅱ号矿体　■Ⅲ号矿体　■Ⅳ号矿体　■钻孔

图 2-21　测量钻孔与矿体间的空间位置关系

彩图

图 2-22　现场点荷载试验

彩图

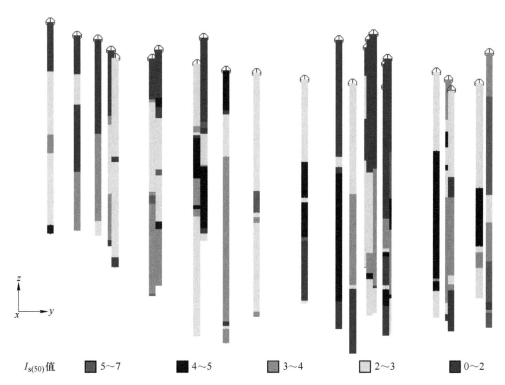

$I_{s(50)}$值　■ 5~7　　■ 4~5　　■ 3~4　　□ 2~3　　■ 0~2

图 2-23　钻孔不同深度处点荷载强度指标的空间分布

彩图

2.6　结构面调查

岩体是由结构面和结构体组成的地质体。结构面是指岩体中存在着的各种不同成因和不同特性的地质界面，包括物质的分界面、不连续面，如节理、片理、断层等。结构面的规模大小不仅影响岩体的力学性质，而且影响工程岩体的变形及可崩性等。

工程实践中涉及的岩体是有一定规模的。一定规模的岩体内发育的结构面按其规模及其力学效应划分为五级，其中Ⅰ、Ⅱ级属软弱结构面，Ⅲ级多数也为软弱结构面，Ⅰ、Ⅱ、Ⅲ级结构面为区域性断裂，直接影响区域岩体或工程岩体的稳定性，一般作为岩体力学的边界考虑，这类结构面规模大、数量少，在工程实践或科学研究中应按确定性结构面单独考虑。Ⅳ、Ⅴ级属于硬性结构面。其中Ⅴ级结构面延展微小且连续性差，主要为隐节理，影响岩块的强度和变形性质，对岩体不产生直接影响或控制作用，这类结构面的影响已通过岩块的力学试验反映到岩石的力学性质之中。Ⅳ级结构面延展在数米范围内，主要为显节理，长度一般为数十厘米至 20~30 m，小者仅数厘米至十几厘米，宽度为零至数厘米不等，数量较多，分布具有随机性，主要控制着岩体的结构、完整性和物理力学性质，是岩体分类及岩体结构研究的基础，也是结构面统计分析和模拟的对象，同时经现场调研表明矿段内Ⅳ、Ⅴ级结构面发育，Ⅱ、Ⅲ级结构面不发育，未见Ⅰ级结构面，因此本书主要研究Ⅳ级结构面（即以显节理为主）。

采用现场调查的方法，研究岩体结构面的性质和特征并对其进行定性和定量的描述，这在后续岩体可崩性评价中具有重要的意义。通过结构面调查确定的指标，还可以反映岩体结构的特征。

2.6.1　结构面调查

由于矿山处于可行性研究阶段目前并无岩体揭露工程，无法直接获得具体位置处的岩体结构面参数。因此通过对钻孔平台揭露的新鲜面、钻孔岩芯、矿段内可见的野外露头点以及附近露天采场靠近铜钼矿的边坡岩体中所揭露的结构面进行调查统计，综合获得该区域内岩体结构面特征参数。采场边坡岩体的结构面状态如图 2-24 所示。结构面调查方法为：在所选定的有代表性地点，对岩体进行观察分析，将产状大致相同的结构面划分为同一组，利用钢卷尺量出 5 m 长度的测线，目测该测线上每组结构面的组数；利用罗盘测量每组结构面倾向、倾角、间距以及结构面迹长,统计的结构面主要为迹线长度大于 1 m 以上的节理;然后将测量的结构面数据输入 DIPS 软件中,用 DIPS 软件绘出结构面极点图和极点等值线图,以及确定出工程地质区域中的优势结构面;最后结合岩芯调查结果,分析该地区岩体结构面的特征,为可崩性评价提供结构面参数以及为采矿工程的设计提供参考与依据。

图 2-24 露天采场边坡岩体的结构面状态

彩图

2.6.2 结构面统计分析

结构面统计分析主要是对结构面产状(倾向、倾角)的统计分析,其目的是对结构面的产状进行分组,并确定出该区域结构面的优势产状。在研究的区域内,除少量的断层及破碎带之外,大多数结构面都是以某些特定的产状为优势值在空间随机排列。调查并统计分析了矿山区域内的结构面信息,经现场调查表明该区域内的结构面主要以微张节理为主,少量呈闭合节理,节理延伸性较好,节理中多有泥铁质充填。节理密度 1~9 条/米,平均 4.7 条/米,节理平均间距为 21.3 cm。

将调查得到的结构面参数进行统计,获得结构面倾角数据如图 2-25 所示,倾向数据如图 2-26 所示。由图 2-25 可知,结构面倾角以 30°~90° 为主,占统计结构面的 92%,且结构面倾角高度集中在 40°~50° 范围内,即该区域结构面倾角以倾斜以及急倾斜结构面为主。从图 2-26 中可知结构面倾向值在各个倾向区域内均有分布,其中高度集中在 0°~90° 范围内。

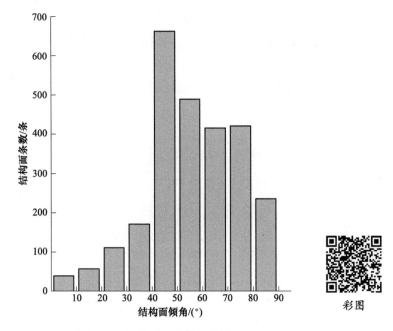

图 2-25　结构面倾角数据统计

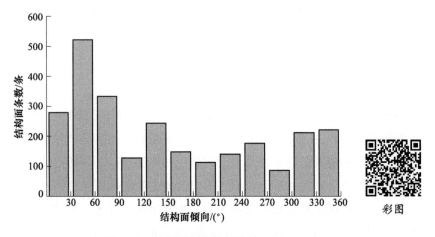

图 2-26　结构面倾向数据统计

　　通过统计的结构面数据可获得该矿山区域内的结构面极点图如图 2-27 所示，极点等值线图如图 2-28 所示。由结构面极点图 2-27 和极点等值线图 2-28，可以分析出结构面在空间分布的特点并圈定出数据聚集的区域，如图 2-29 所示。计算出圈定区域内结构面产状参数的平均值，即可获得该区域内的优势结构面如图 2-29 所示。统计分析结果显示，矿山区域内优势结构面主要包括 3 组，即 336°/70°、048°/48°、42°/49°，其中 048°/48°尤为显著。

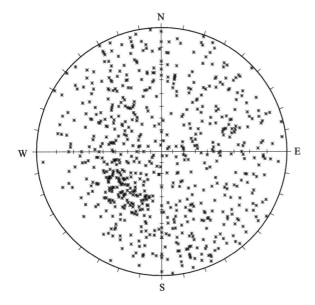

彩图

Equal Angle(等角)
Lower Hemisphere(下半球)
2602 Poles(极点)
717 Entries(通道)

图 2-27   结构面极点图

Fisher
Concentrations
% of total per 1.0% area
(每1.0%面积总的
费舍尔集中系数)

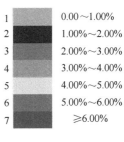

1	0.00～1.00%
2	1.00%～2.00%
3	2.00%～3.00%
4	3.00%～4.00%
5	4.00%～5.00%
6	5.00%～6.00%
7	≥6.00%

Equal Angle(等角)
Lower Hemisphere(下半球)
2602 Poles(极点)
717 Entries(通道)

图 2-28   极点等值线图

彩图

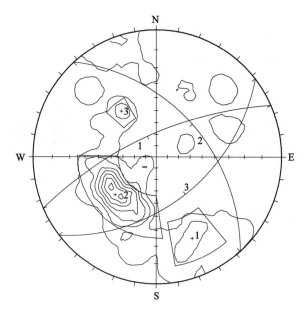

Orientation(产状)	
ID	Dip/Direction(倾角/倾向)
1	70°/336°
2	48°/048°
3	49°/142°

Equal Angle(等角)
Lower Hemisphere(下半球)
2602 Poles(极点)
717 Entries(通道)

图 2-29　优势结构面

彩图

2.7 岩石质量指标 *RQD* 值

岩石质量指标 *RQD* 值是由美国伊利诺伊大学的迪尔（Deere D U）于 1963 年提出，多年来，作为反映工程岩体完整程度的定量参数，该指标被广泛应用。早期美国有的矿山根据 *RQD* 值把可崩性分为十级，称为可崩性指数，还有的分为五级[131]。该法是利用钻孔的修正岩芯采取率来评价岩石质量的优劣，即用直径为 75 mm 的金刚石钻头和双层岩芯管在岩石中钻进，连续取芯，回次钻进所取岩芯中长度大于 10 cm 的岩芯段长度之和与该回次进尺的比值，以百分比表示：

$$RQD = \frac{\sum l_i}{L} \tag{2-13}$$

式中　　l_i——所取岩芯长度大于等于 10 cm 岩芯段的长度；

　　　　L——本回次取岩芯钻孔进尺。

对所测的 25 个钻孔岩芯的 *RQD* 值进行统计，统计结果如图 2-30 所示，该图也将作为后续可崩性评价的基本数据。同时依据钻孔与矿体的空间位置关系，可确定矿体不同位置处的 *RQD* 值的大小。结果显示，矿体上盘位置处的花岗闪长岩的分层平均 *RQD* 值为 0 ~ 59.2%（平均 34.0%），花岗闪长斑岩的分层平均 *RQD* 值为 15.3% ~ 90.2%（平均 42.8%）。铜钼矿分层平均 *RQD* 值为 0 ~ 99.4%（平均 77.1%），铜矿的分层平均 *RQD* 值为 34.6% ~ 91.7%（平均 69.2%），钼矿的分层平均 *RQD* 值为 62.3% ~ 95.5%（平均 90.5%）。矿体内夹石的 *RQD* 值分别为：花岗闪长岩的分层平均 *RQD* 值为 0 ~ 96.4%（平均 55.1%），花岗闪长斑岩的分层平均 *RQD* 值为 0 ~ 93.9%（平均 78.2%），石英正长斑岩的分层平均 *RQD* 值为 79.3% ~ 97.1%（平均 88.9%）。矿体下盘位置处的 *RQD* 值：花岗闪长岩的分层平均 *RQD* 值为 88.2% ~ 98.6%（平均 89.7%），花岗闪长斑岩的分层平均 *RQD* 值为 60.0% ~ 100.0%（平均 85.5%）。

总体上，*RQD* 值在钻孔垂直方向上由上至下基本呈现出增大的趋势，下盘岩体的 *RQD* 值普遍高于矿体和上盘岩体，且上盘岩体、矿体、下盘岩体间的 *RQD* 值差异较大。同时矿体 *RQD* 值较大，间接表明受发育结构面切割所形成的原始地质破碎块度较大。

本章所确定的可崩性影响因素指标和测得的值，将作为后续可崩性评判的基础。

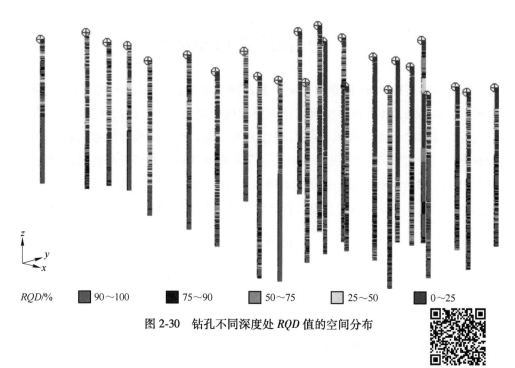

$RQD/\%$　■ 90～100　　■ 75～90　　■ 50～75　　□ 25～50　　■ 0～25

图 2-30　钻孔不同深度处 RQD 值的空间分布

彩图

3

可崩性评价体系

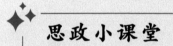

思政小课堂

　　深入推进环境污染防治。坚持精准治污、科学治污、依法治污，持续深入打好蓝天、碧水、净土保卫战。加强污染物协同控制，基本消除重污染天气。统筹水资源、水环境、水生态治理，推动重要江河湖库生态保护治理，基本消除城市黑臭水体。加强土壤污染源头防控，开展新污染物治理。提升环境基础设施建设水平，推进城乡人居环境整治。全面实行排污许可制，健全现代环境治理体系。严密防控环境风险。深入推进中央生态环境保护督察。

可崩性是自然崩落法矿山的核心研究内容，对回采顺序、拉底方向、拉底面积、割帮预裂、安全生产和技术经济指标等都有重要的影响，是矿山达到预期经济效益的重要保证。可崩性评价是根据可崩性影响因素及因素间的相互作用关系对岩体进行分类，并针对既定矿山地质条件判定可崩性级别，决定在当前工业水平和地质条件下矿山是否适用于自然崩落法以及指导采矿工程的设计，是一项多指标、非线性的岩体复杂系统工程[17]。而研究可崩性评价方法是扩大自然崩落法应用范围的重要途径之一。可崩性研究内容（见图3-1）包括可崩性等级评判、可崩性空间分布模型以及自然崩落尺寸（崩落水力半径）的确定，这三部分内容构成了可崩性评价体系。

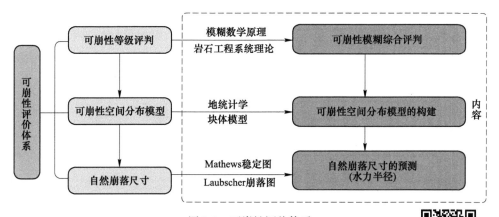

图 3-1 可崩性评价体系

目前可崩性评价中存在如下问题：

第一，可崩性评价方法中通常将 RQD 值与节理间距、岩体完整性系数、体积节理数中的一个以上因素作为可崩性评价的指标，然而已有研究表明[3,79,81,112-116]RQD 值与这些因素间存在关系，这会加强评价过程中 RQD 值对可崩性的影响程度而弱化其他因素对可崩性的影响，尤其是在 RQD 值较大时，这种强化作用更加显著；

第二，可崩性评价中有的方法将预测的崩落块度作为可崩性的影响因素之一，而崩落块度的预测通常也是基于 RQD 值和节理间距，因此 RQD 值较大时，预测的崩落块度较大，但对于微小显节理发育的岩体，大块岩块会在自然崩落过程中和散体移动场中发生破碎，因此将预测的块度值作为可崩性的影响因素并不合适；

第三，可崩性评价方法基本以"工程经验"作为准则，而由于每个人的"工程经验"不同使可崩性评价中不可避免地存在主观性，这种主观性会导致评价结果的偏差甚至是评价结果的失真；

第四，评价过程中需综合可崩性影响因素间的相互作用关系，这种关系会加强或削弱某一因素对可崩性的影响。因此综合考虑可崩性影响因素及其间的相互作用关系、尽可能地降低评判过程中的主观性成为可崩性评价的关键。

同时，在可崩性评价过程中，由于可崩性评价指标值在空间内是非连续的，导致可崩性评价结果代表局部岩体，需建立可崩性空间分布模型从而为矿山是否采用自然崩落法、实现自然崩落法的分区开采以及为后续采矿工程的设计提供更全面的参考和依据。而且，在可崩性等级评判和空间分布模型的基础上，需进一步确定岩体自然崩落的拉底尺寸（崩落水力半径），预测或判断在拉底工程实施后矿体能否自然崩落，指导采矿工程的实施进度以及保证生产的顺利进行。

本章将围绕可崩性开展可崩性模糊综合评判、可崩性空间分布模型的构建以及崩落水力半径的预测，建立可崩性评价方法。首先，针对可崩性具有模糊性特征，在国内外可崩性研究成果的基础上，基于钻孔岩芯的调查（见图3-2）、钻孔

图3-2　钻孔岩芯调查

彩图

编录信息以及第 2 章中已测得的参数等，采用模糊数学原理和岩石工程系统理论，综合可崩性影响因素及因素间的相互作用关系，建立可崩性模糊综合评判方法。然后，针对可崩性评判结果表征局部岩体的现状，采用地质统计学方法和块体模型构建可崩性空间分布模型。最后，借助 Laubscher 崩落图和 Mathews 稳定图，建立模糊综合评判值与崩落水力半径间的关系，预测岩体发生自然崩落的拉底尺寸。

3.1　基于岩体质量分级法的可崩性评价

为了综合研究矿床的可崩性，本节采用岩石质量指标 RQD 值分级法、挪威土工所 Q 值分级法以及岩体地质力学 RMR 法对矿床可崩性进行评价。

3.1.1　岩石质量指标分级法

岩石质量指标 RQD 值是由美国伊利诺伊大学的迪尔（Deere）于 1963 年提出的，多年来，作为反映工程岩体完整程度的定量参数，该指标被广泛应用。早期美国有的矿山根据 RQD 值把可崩性分为十级，称为可崩性指数，还有的分为 5 级[131]。该法是利用钻孔的修正岩芯采取率来评价岩石质量的优劣，即用直径为 75 mm 的金刚石钻头和双层岩芯管在岩石中钻进，连续取芯，回次钻进所取岩芯中长度大于 10 cm 的岩芯段长度之和与该回次进尺的比值，以百分比表示：

$$RQD = \frac{\sum l_i}{L} \tag{3-1}$$

式中　l_i——所取岩芯长度大于等于 10 cm 岩芯段的长度，cm；

　　　L——本回次取岩芯的钻孔进尺，cm。

通常根据岩石质量指标 RQD 值的大小将岩体可崩性分为 5 级，详见表 3-1。采用 RQD 分级方法对矿床的可崩性进行评价，并采用表 3-1 中的评判标准进行分类，结果如图 3-3 所示。

表 3-1　基于 RQD 值的岩体可崩性评判等级分级表

分类	极易崩 V	易崩 IV	可崩 III	难崩 II	极难崩 I
RQD/%	<25	25~50	50~75	75~90	>90

如图 3-3 所示，总体上 RQD 值在钻孔垂直方向上由上至下基本呈现出增大的趋势，即由极易崩 V 到极难崩 I 的趋势。具体而言，上盘岩体可崩性级别为极易崩 V 至可崩 III，其中以极易崩 V 为主；矿体可崩性级别为极易崩 V 至极难崩 I；下盘岩体可崩性级别为可崩 III 至极难崩 I，其中以极难崩 I 为主。RQD 值分级法简便且易操作，是一种方便、经济快捷的可崩性评判方法。但由于它是基于单一指标进行评价，并没有反映出岩体的综合情况，因此在可崩性评判过程中通常仅把 RQD 值作为一个评判因素来考虑。

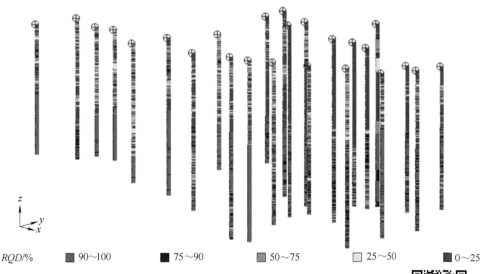

$RQD/\%$ ▨ 90~100　■ 75~90　▨ 50~75　□ 25~50　▨ 0~25

图 3-3　钻孔不同深度处 RQD 值的空间分布

彩图

3.1.2　挪威土工所分级法

挪威土工所 Q 值法综合了岩石质量指标 RQD 值、结构面组数（J_n）、结构面粗糙度系数（J_r）、结构面蚀变影响系数（J_a）、结构面裂隙水折减系数（J_w）以及应力折减系数（SRF）这六个方面因素的影响，已经在各种工程上得到了应用，该法可用一个公式计算岩体综合质量指标 Q[34-35]，即：

$$Q = \frac{RQD}{J_n} \times \frac{J_r}{J_a} \times \frac{J_w}{SRF} \qquad (3-2)$$

式（3-2）可以看作三个参数的函数，式中的三个比值分别反映了块度尺寸大小（RQD/J_n）、结构面抗剪强度（J_r/J_a）和有效应力（J_w/SRF）三个综合因素。通常根据 Q 值的大小将可崩性分为 5 级，见表 3-2。采用 Q 值分级方法对矿床的可崩性进行评价，并采用表 3-2 中的评判标准进行分类，其结果如图 3-4 所示。

表 3-2　基于 Q 值的岩体可崩性评判等级分级表

分类	极易崩 V	易崩 IV	可崩 III	难崩 II	极难崩 I
Q	<1	1~4	4~10	10~40	>40

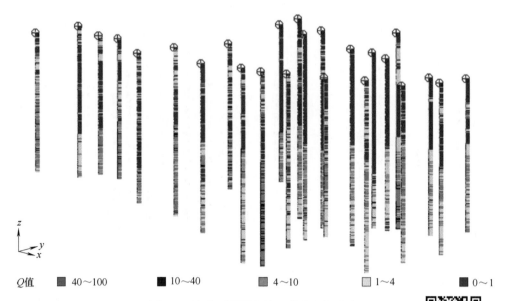

Q值　■ 40～100　　　■ 10～40　　　■ 4～10　　　■ 1～4　　　■ 0～1

图 3-4　钻孔不同深度处 Q 值的空间分布

彩图

由分级结果可以看出，如图 3-4 所示，总体上 Q 值在钻孔垂直方向上由上至下基本呈现出增大的趋势，即呈现出由极易崩 V 到难崩 II 的趋势。具体而言，上盘岩体可崩性级别为极易崩 V 至易崩 IV，其中以极易崩 V 为主；矿体可崩性级别为极易崩 V 至难崩 II；下盘岩体可崩性级别为易崩 IV 至难崩 II，其中以易崩 V 和可崩 III 为主。

3.1.3　岩体地质力学分级法

岩体地质力学 RMR 方法综合了岩石强度（R_1）、岩石质量指标 RQD 值（R_2）、结构面间距（R_3）、结构面条件（R_4）、地下水条件（R_5）、结构面方位对工程影响的修正参数（R_6），其计算公式为[31-32]：

$$RMR = R_1 + R_2 + R_3 + R_4 + R_5 + R_6 \tag{3-3}$$

采用 RMR 分级方法对矿床的可崩性进行评价，并采用表 3-3 中的评判标准进行分类，其结果如图 3-5 所示。

表 3-3　基于 RMR 值的岩体可崩性评判等级分级表

分类	极易崩 V	易崩 IV	可崩 III	难崩 II	极难崩 I
RMR	0~20	21~40	41~60	61~80	81~100

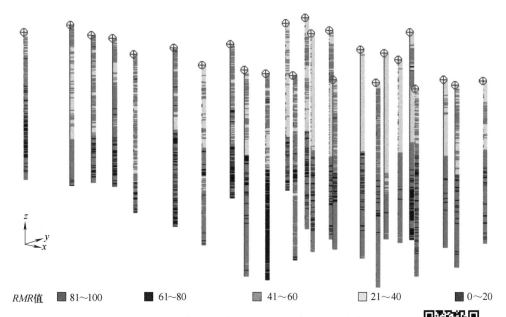

RMR值 ■ 81~100   ■ 61~80   ■ 41~60   □ 21~40   ■ 0~20

图 3-5   钻孔不同深度处 RMR 值的空间分布

由分级结果可以看出，如图 3-5 所示，总体上 RMR 值在钻孔垂直方向上由上至下基本呈现出增大的趋势，即由易崩Ⅳ到难崩Ⅱ的趋势。具体而言，上盘岩体可崩性级别为易崩Ⅳ至难崩Ⅱ，其中以易崩Ⅳ和可崩Ⅲ为主；矿体可崩性级别为易崩Ⅳ到难崩Ⅱ；下盘岩体可崩性级别为可崩Ⅲ至难崩Ⅱ。

综合图 3-3 至图 3-5 可知，在钻孔垂直方向上由上至下，可崩性的变化规律基本一致，均呈现出由易到难的趋势。但各种评价方法得到的可崩性等级具有一定的差异，这是因为不同的评价方法采用的可崩性评判指标不同以及对这些指标间的相互作用程度的评判标准不同，见表 3-4。

表 3-4   评判方法概况

方法	工程背景	未考虑因素	因素间的关系
RQD	岩芯≥10 cm	岩石强度、地应力、地下水、节理条件等	—
RMR	南非沉积岩	地应力	和
Q	硬岩隧道工程	岩石强度	商、积

评价方法中 RQD 法采用单一指标进行评价，只考虑岩体里易断开结构面间距的影响，既没有考虑结构面的组合关系，也没有考虑岩体强度的作用，没有反映出岩体的综合情况，局限性较大。RMR 法主要采用从南非沉积岩中进行地下

工程所得到的数据而提出的方法，该方法没有考虑地应力的影响且采用求和的方式来表明各影响因素间的关系（忽略了影响因素之间的相互作用），然而 Rafiee R 等[33]通过数值模拟研究表明地应力对岩体可崩性的影响较大。Q 分级法基于硬岩隧道工程以及大量的案例所提出，且认为各因素间的相互作用关系是商、积关系，但该分级方法并没有直接考虑岩石强度因素，研究[7,36]表明岩石强度与岩体可崩性存在关系。上述分析表明，在可崩性评价过程中需综合考虑可崩性的影响因素及因素间的相互作用关系，故本书进行了可崩性综合评判。

3.2 可崩性模糊综合评判

目前可崩性的概念可归纳为两个含义：其一，可崩性是岩石力学性质、原岩应力以及诱发应力的函数；其二，可崩性是指岩体发生自然崩落的难易程度。这两个含义均未给出可崩性的精确定义，因此首先在可崩性概念的理解上就存在模糊性，同时可崩性评价过程以及可崩性的影响因素也均具有模糊性。

可崩性评价过程中的模糊性。可崩性评价是一项多指标、非线性的岩体复杂系统工程[17]。因此在客观方面上，由于可崩性评价的复杂性以及人类对岩体认知程度的限制，可崩性评价本身就存在着客观模糊性。在主观方面上，在对可崩性的认识以及等级的划分过程中，不同的人依据不同的"工程经验"会导致不同的划分标准，这种"工程经验"就是人各自的主观模糊性。这均导致了可崩性评价的模糊性。

可崩性影响因素的模糊性。一方面，可崩性影响因素的不确定性以及因素间相互作用关系，导致模糊性。由于人对岩体认知水平的限制，对可崩性影响因素的辨识、各因素对可崩性的影响程度以及不同因素间的相互作用关系均具有一定的模糊性。另一方面，可崩性影响因素本身具有模糊性。可崩性影响因素可分为定量因素和定性因素两类。定量因素是连续变化的，而这些因素的连续性过渡性将会导致划分上的一种模糊性。定性因素需要定性描述，而这种定性描述受主观因素的影响，也具有模糊性。

虽然可崩性的概念、可崩性评价过程以及可崩性影响因素均具有模糊性，但可崩性是客观存在的，而模糊数学是精确描述模糊现象的数学学科，是处理模糊现象的有效方法，因此本书将采用模糊数学方法来进行可崩性等级的评判。

3.2.1 可崩性影响因素等级划分

在第 2 章中确定的可崩性影响因素指标包括岩石点荷载强度 $I_{s(50)}$、岩石质量指标 RQD、节理粗糙度 J_r、节理张开度 J_a、充填物 J_f、节理方向 J_o、水 W_u、点荷载强度与地应力比值 I_{ss}。其中岩石点荷载强度分级方法采用岩体地质力学分类法（RMR 分级法）中对岩石点荷载强度 $I_{s(50)}$ 的分级，分级结果详见表 3-5。岩石质量指标 RQD 值、节理粗糙度 J_r、节理张开度 J_a、充填物 J_f、节理方向 J_o 的分级方法参考 RQD 分级法以及 RMR 分级法，分级结果详见表 3-5。地下水指标通常采用定性描述的方式，采用 RMR 分级法中对地下水 W_u 状态的描述方法，分类结果详见表 3-5。地应力指标采用文献[27]中岩石单轴抗压强度 R_c 与地应力的比值来表征，同时依据点荷载强度与岩石单轴抗压强度间的关系，可以转化为点荷载强度（$R_c = 22.82I_{s(50)}^{0.75}$）[38]与地应力的比值 I_{ss}，分级结果详见表 3-5。即确定的可崩性影响因素指标集 $U = \{u_1, u_2, u_3, u_4, u_5, u_6, u_7, u_8\} = \{I_{s(50)}, RQD,$ $J_r, J_a, J_f, J_o, W_u, I_{ss}\}$。

表 3-5　基于影响因素的可崩性评判等级分级表

评判指标	可崩性等级				
	极难崩 I	难崩 II	可崩 III	易崩 IV	极易崩 V
岩石点荷载强度 $I_{s(50)}$	>10 MPa	4~10 MPa	2~4 MPa	1~2 MPa	0~1 MPa
岩石质量指标 RQD	90%~100%	75%~90%	50%~75%	25%~50%	0~25%
节理粗糙度 J_r	很粗糙	粗糙	轻微粗糙	光滑	摩擦镜面
节理张开度 J_a	0	<0.1 mm	0.1~1 mm	1~5 mm	>5 mm
充填物 J_f	无	坚硬充填物 小于 5 mm	坚硬充填物 大于 5 mm	软弱充填物 小于 5 mm	软弱充填物 大于 5 mm
节理方向 J_o	很不利	不利	一般	有利	很有利
水 W_u	干燥	潮湿	湿	滴水	流水
点荷载强度/地应力 I_{ss}	>0.40	0.31~0.40	0.22~0.31	0.13~0.22	0.00~0.13
可崩性等级量化分值 Q_v	0.9	0.7	0.5	0.3	0.1
可崩性等级量化值域 Q	0.8~1.0	0.6~0.8	0.4~0.6	0.2~0.4	0~0.2

可崩性评价中评判等级一般划分为 5 级，即极难崩 I、难崩 II、可崩 III、易崩 IV、极易崩 V。为了便于后续建立可崩性影响因素评判指标的隶属函数，将可崩性评判等级进行量化表示，即确定可崩性等级量化值和可崩性等级量化值域，详见表 3-5。具体方法为将 0 到 1 区间进行 5 等分划分，每一等分区间代表一个可崩性等级的值域且每一个等分区间的中间值代表一个可崩性等级的量化值，具体量化及分级结果详见表 3-5。即确定的可崩性评判等级集为 $V = \{v_1, v_2, v_3,$ $v_4, v_5\} = \{I, II, III, IV, V\}$。

3.2.2　可崩性模糊评判矩阵

构造可崩性模糊评判矩阵最重要的是确定各评判指标实测值所属各评判等级的程度，即隶属度。由表 3-5 可知，确定的可崩性影响因素指标中既有定性指标也有定量指标。定性指标所属各评判等级的隶属度可通过若干测量人员对该指标评判的频数进行统计得出，定量指标的隶属度可通过建立各评判等级的隶属函数来确定。

在确定各评判指标所属各评判等级的隶属度时，为便于隶属函数的统一构建以及最终对可崩性做出综合评判，将各定量指标的实测值转换为量化值域范围内的数值。因此，构建了可崩性值域转换的映射函数 $f(u_i)$ 如下：

$$f(u_i) = q_{imin} + \frac{q_{imax} - q_{imin}}{p_{imax} - p_{imin}}(u_i - p_{imin}) \tag{3-4}$$

$$f(u_i) = q_{imax} - \frac{q_{imax} - q_{imin}}{p_{imax} - p_{imin}}(u_i - p_{imin}) \tag{3-5}$$

式中　　u_i——定量指标实测值，式（3-4）中，u_i 越大越难崩，式（3-5）中，u_i 越大越易崩；

p_{imax}，p_{imin}——u_i 指标实测值所对应的可崩性等级判断区间的上限值和下限值；

q_{imax}，q_{imin}——u_i 指标所对应的可崩性等级量化值域区间的上限值和下限值。

上述映射函数采用线性变换将评判指标实测值的判断区间与可崩性等级量化值域区间进行一一映射，并不改变可崩性分级数据的分级结果。由表 3-5 可知，在岩石点荷载强度 $I_{s(50)}$、节理张开度 J_a、点荷载强度与地应力比值 I_{ss} 的边界处存在理论值趋于无穷大，为了量化标准的统一，依据每一等级区间的变化趋势对其进行限定，即将岩石点荷载强度 $I_{s(50)}$ 的极难崩Ⅰ级限定为 10~20 MPa，节理张开度 J_a 极易崩Ⅴ级限定为 5~10 mm，点荷载强度与地应力的比值 I_{ss} 的极难崩Ⅰ级限定为 0.4~0.5，由于隶属函数会在边界区域处进行限定处理，该处理方式仍然不会影响最终的评判结果。

映射函数确定后，需建立各定量评判指标的隶属函数，通过隶属函数计算出各定量评判指标实测值所属各评判等级的隶属度，从而结合定性指标的隶属度即可建立可崩性模糊评判矩阵。隶属函数本质上是客观存在的，但由于人们认识的局限性，对同一模糊集不同的人可能建立不同的隶属函数。即模糊集的隶属函数不是唯一确定的，但隶属函数都应当是客观实际的一个近似，而且需要在实践中不断修正，使之不断完善、不断接近客观实际。苏永华等[132]已经证明对工程岩体采用模糊评判中，各类隶属函数具有等效性，即无论选取哪一种隶属函数，通常情况下分析结果是一致的。因此本书采用模糊集特性的推理法来构建隶属函数，主要依据为在可崩性等级量化值域内隶属度为 0、0.5、1.0 的点，以及每一评判指标在 5 个等级中隶属度总和为 1.0 的原则构建隶属函数。同时在岩石或岩体工程中，常用的隶属函数类型为三角形和梯形[133-137]，即区间的端点处为最模糊状态（隶属度为 0.5），在区间中点处或是某一区域内其类别是最清晰的（隶属度为 1）。隶属函数分布曲线如图 3-6 所示，当 δ 为 0 时隶属函数类型为三角形，否则为梯形。

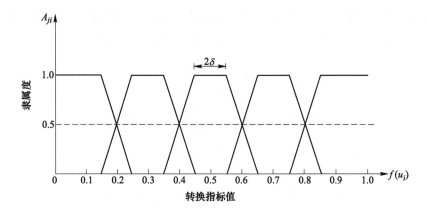

图 3-6　隶属函数分布曲线

基于上述原则构建的隶属函数 $A_{ji} = A_j(f(u_i))$ 为：

$$A_5(f(u_i)) = \begin{cases} 1, & f(u_i) \leqslant 0.1 + \delta \\[2mm] \dfrac{f(u_i)}{2\delta - 0.2} + \dfrac{\delta - 0.3}{2\delta - 0.2}, & 0.1 + \delta < f(u_i) \leqslant 0.3 - \delta \\[2mm] 0, & f(u_i) > 0.3 - \delta \end{cases} \quad (3\text{-}6)$$

$$A_4(f(u_i)) = \begin{cases} 0, & f(u_i) \leqslant 0.1 + \delta \\[2mm] \dfrac{f(u_i)}{0.2 - 2\delta} - \dfrac{\delta + 0.1}{0.2 - 2\delta}, & 0.1 + \delta < f(u_i) \leqslant 0.3 - \delta \\[2mm] 1, & 0.3 - \delta < f(u_i) \leqslant 0.3 + \delta \\[2mm] \dfrac{f(u_i)}{2\delta - 0.2} + \dfrac{\delta - 0.5}{2\delta - 0.2}, & 0.3 + \delta < f(u_i) \leqslant 0.5 - \delta \\[2mm] 0, & f(u_i) > 0.5 - \delta \end{cases} \quad (3\text{-}7)$$

$$A_3(f(u_i)) = \begin{cases} 0, & f(u_i) \leqslant 0.3 + \delta \\[2mm] \dfrac{f(u_i)}{0.2 - 2\delta} - \dfrac{\delta + 0.3}{0.2 - 2\delta}, & 0.3 + \delta < f(u_i) \leqslant 0.5 - \delta \\[2mm] 1, & 0.5 - \delta < f(u_i) \leqslant 0.5 + \delta \\[2mm] \dfrac{f(u_i)}{2\delta - 0.2} + \dfrac{\delta - 0.7}{2\delta - 0.2}, & 0.5 + \delta < f(u_i) \leqslant 0.7 - \delta \\[2mm] 0, & f(u_i) > 0.7 - \delta \end{cases} \quad (3\text{-}8)$$

$$A_2(f(u_i)) = \begin{cases} 0, & f(u_i) \leqslant 0.5 + \delta \\ \dfrac{f(u_i)}{0.2 - 2\delta} - \dfrac{\delta + 0.5}{0.2 - 2\delta}, & 0.5 + \delta < f(u_i) \leqslant 0.7 - \delta \\ 1, & 0.7 - \delta < f(u_i) \leqslant 0.7 + \delta \quad (3\text{-}9) \\ \dfrac{f(u_i)}{2\delta - 0.2} + \dfrac{\delta - 0.9}{2\delta - 0.2}, & 0.7 + \delta < f(u_i) \leqslant 0.9 - \delta \\ 0, & f(u_i) > 0.9 - \delta \end{cases}$$

$$A_1(f(u_i)) = \begin{cases} 0, & f(u_i) \leqslant 0.7 + \delta \\ \dfrac{f(u_i)}{0.2 - 2\delta} - \dfrac{\delta + 0.7}{0.2 - 2\delta}, & 0.7 + \delta < f(u_i) \leqslant 0.9 - \delta \quad (3\text{-}10) \\ 1, & 0.9 - \delta < f(u_i) \end{cases}$$

式中 δ——等级量化值域内以区间中点为中心的邻域值，该邻域范围内的隶属度均为 1。当 δ 为 0 时，只有值域内中点处的隶属度为 1，当 δ 为 0.1 时整个值域内的隶属度均为 1。

通过式（3-6）~ 式（3-10）以及可崩性值域转换映射函数式（3-4）和式（3-5），可分别计算出各定量评判指标实测值所属各评判等级的隶属度，结合定性指标确定的隶属度即可建立可崩性模糊综合评判矩阵 R：

$$R = \begin{matrix} & \text{I} & \text{II} & \text{III} & \text{IV} & \text{V} & \\ & \begin{bmatrix} A_{11} & A_{21} & A_{31} & A_{41} & A_{51} \\ A_{12} & A_{22} & A_{32} & A_{42} & A_{52} \\ A_{13} & A_{23} & A_{33} & A_{43} & A_{53} \\ A_{14} & A_{24} & A_{34} & A_{44} & A_{54} \\ A_{15} & A_{25} & A_{35} & A_{45} & A_{55} \\ A_{16} & A_{26} & A_{36} & A_{46} & A_{56} \\ A_{17} & A_{27} & A_{37} & A_{47} & A_{57} \\ A_{18} & A_{28} & A_{38} & A_{48} & A_{58} \end{bmatrix} & \begin{matrix} I_{s(50)} \\ RQD \\ J_r \\ J_a \\ J_f \\ J_o \\ W_u \\ I_{ss} \end{matrix} \end{matrix} \quad (3\text{-}11)$$

式中 A_{ji}——评判指标 u_i 具有评判等级 v_j 的隶属度。

3.2.3 可崩性交互作用矩阵

可崩性等级评判过程中各影响因素对可崩性的影响程度不同以及各因素间的相互作用关系也不同，需将各影响因素作为一个统一的系统来综合确定各因素的权重。岩石工程系统（Rock Engineering Systems）将整个岩石工程看作一个完整的体系，综合考虑与工程相关的各个作用参数，因此本书采用岩石工程系统来确定各影响因素的权重。

3.2.3.1 岩石工程系统理论概述

岩石工程系统由 Hudson J A 于 1992 年[138] 提出并于 1995 年[139]、1998 年[140] 进行了改进，该方法已在各个领域得到了应用，如旋转钻井的穿透率[141]、岩体可灌性[142]、边坡稳定性[143]、煤的自燃性[144] 等。

岩石工程系统的基本思想是将岩石工程项目中所有与岩石力学和工程施工相关的因素作为一个完整的系统，这些因素都不是固定搭配的或孤立存在的，而是同时存在、并行作用和连续发生的动态过程[145]，岩石工程系统中采用交互作用矩阵来表示各因素间相互作用的动态过程。交互作用矩阵的基本原理见图 3-7 所示，将所有因素置于矩阵的主对角线上（见图 3-7 中的因素 A 和因素 B），以非对角线单元描述因素间交互作用机理，并按顺时针旋转规则表明作用方向。

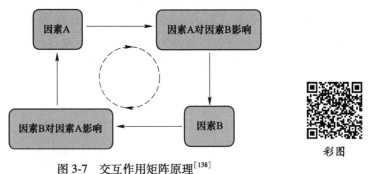

图 3-7　交互作用矩阵原理[138]

交互作用矩阵的一项重要工作是对矩阵编码，常用的编码方法有二值法、专家半定量法、变量关系曲线斜率法、偏微分方程求解法、完全数值法等。其中专家半定量法是最常用的方法之一，该方法将各因素间的相互作用机理分为 5 级，即从 0 到 4 分别对应无相互作用、弱相互作用、中等相互作用、强相互作用和关键相互作用。由于岩石工程系统的复杂性，各因素间关系通常是非量化的，需专家凭经验对每个相互作用机理赋值，指明其在工程意义上的重要性，专家半定量法是很适用且常用的方法。交互作用矩阵编码后需建立因果图坐标，如图 3-8 所示。

如图 3-8 所示，穿经 P_i 的行代表 P_i 对其他因素的影响，而穿经 P_i 的列则代表系统中其他因素对 P_i 的影响。求每行之和 $\sum_j I_{ij} = C_i$ 称为原因，求每列之和

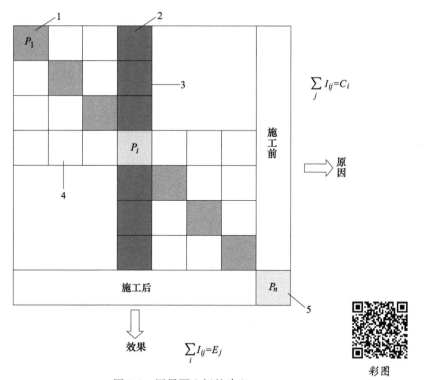

图 3-8　因果图坐标的建立

1—沿主对角线的主要参数 P_i；2—非对角线单元的交互作用 I_{ij}；

3—列 j，其他参数对 P_i 的影响；4—行 i，P_i 对其他参数的影响；5—施工单元

$\sum\limits_i I_{ij} = E_j$ 称为效果，坐标（C，E）代表施工前和施工后的作用机理。求每个因素（$C_i + E_i$）占整个系统因素 $\sum\limits_j (C_j + E_j)$ 比值，即为该因素对整个系统的影响程度，即权重：

$$c_{\mathrm{pi}} = \frac{C_i + E_i}{\sum\limits_j (C_j + E_j)} \times 100\% \qquad (3-12)$$

3.2.3.2　影响因素权重的确定

基于岩石工程系统确定可崩性各影响因素权重的步骤如下。

（1）可崩性影响因素和分析目标的确定。

分析目标为可崩性，影响因素就是可崩性评判指标集 $U = \{u_1, u_2, u_3, u_4,$ $u_5, u_6, u_7, u_8\} = \{I_{\mathrm{s}(50)}, RQD, J_{\mathrm{r}}, J_{\mathrm{a}}, J_{\mathrm{f}}, J_{\mathrm{o}}, W_{\mathrm{u}}, I_{\mathrm{ss}}\}$。

（2）构建可崩性交互作用矩阵。

可崩性交互作用矩阵表示各影响因素间以及各影响因素与可崩性间的交互作用关系，主对角线共有 9 个因素，8 个为可崩性影响因素，最后 1 个为可崩性目标因素，目标因素赋予矩阵实际意义并表明矩阵作用。构建的可崩性交互作用矩阵见表 3-6。

表 3-6　可崩性交互作用矩阵

可崩性各影响因素的交互作用矩阵								
$I_{s(50)}$	—	—	—	—	—	—	—	—
—	RQD	—	—	—	—	—	—	—
—	—	J_r	—	—	—	—	—	—
—	—	—	J_a	—	—	—	—	—
—	—	—	—	J_f	—	—	—	—
—	—	—	—	—	J_o	—	—	—
—	—	—	—	—	—	W_u	—	—
—	—	—	—	—	—	—	I_{ss}	—
—	—	—	—	—	—	—	—	可崩性

（3）可崩性交互作用矩阵的编码。

可崩性是一项多指标、非线性的岩体复杂系统工程，目前还无法直接确定各因素间以及因素与可崩性间的相互作用关系，因此采用专家半定量法对可崩性交互作用矩阵进行编码是较为可行的方法。同时，在交互作用矩阵中表示的是一个因素与另一个因素进行相互作用分析，所以可借助相关的岩石工程分析结果来进行编码。本书采用与可崩性或岩体稳定性相关的研究成果进行编码，编码过程中依据影响因素间的关系（如点荷载强度与单轴抗压强度）对编码过程进行了一定的转换。

Ramin Rafiee 等[26-28]提出了模糊专家半定量法，在专家评定结果的基础上进行模糊评判，从而对可崩性交互作用矩阵编码，编码的因素包括单轴抗压强度、原岩应力、节理间距、节理方向、节理张开度、节理长度、节理粗糙度、充填物、水等。杨英杰和张清[146-148]从岩石工程实例数据出发，采用人工神经网络算法对岩石工程稳定性的交互作用矩阵进行了编码，编码的因素包括原岩强度、节理间距、节理长度、节理类型、充填物、节理粗糙度、节理倾角、节理走向、地下水等。Man-Kwang Kim 等[149]采用专家半定量法，基于 25 份调查问卷对隧道围岩力学行为的交互作用矩阵进行了编码，编码的因素包括岩石单轴抗压强度、RQD 值、节理条件、水、地应力等。Naghadehi Masoud Zare 等[150]基于露天矿边坡稳定性案例数据库，采用人工神经网络算法对边坡稳定性的交互作用矩阵进行了编码，编码的因素包括岩石的类型、岩石强度、RQD 值、水、节理间距、节理方向、节理长度、节理粗糙度、充填物等。依据上述研究结果对可崩性交互作用矩阵（见表3-6）进行编码，编码过程中对于相同或相近的各因素相互作用编码值直接采用，对于有差异的编码值采取平均的方式，对于各因素对可崩性影响的编码值以 Ramin Rafiee 等[26-28]的研究成果和 *RMR* 中对因素的评分值为依据，确定的可崩性交互作用矩阵编码表详见表3-7。

表3-7　可崩性交互作用矩阵编码表

—	可崩性各影响因素的交互作用矩阵编码								原因 C	$C+E$	权重 c_p
—	$I_{s(50)}$	1.42	1.25	0.46	0.10	0.67	0.22	1.10	1.82	7.03	11.96	0.10
—	1.04	RQD	1.02	0.84	0.50	0.31	1.48	0.77	3.03	8.98	15.25	0.12
—	0.14	0.39	J_r	0.97	1.24	0.32	0.51	0.46	2.11	6.15	14.80	0.12
—	0.08	0.27	1.59	J_a	3.48	0.09	1.17	0.90	1.56	9.14	18.03	0.14
—	0.14	0.45	1.01	1.79	J_f	0.12	0.87	0.09	2.15	6.63	14.13	0.11
—	0.34	0.44	0.27	0.79	0.16	J_o	1.79	0.87	2.42	7.06	11.85	0.10
—	1.63	0.88	1.85	1.47	1.53	0.09	W_u	1.13	2.14	10.72	18.01	0.14
—	1.40	2.28	1.53	2.41	0.35	3.04	1.10	I_{ss}	2.92	15.00	20.48	0.16
—	0.15	0.15	0.15	0.15	0.15	0.15	0.15	0.15	可崩性	—	—	—
效果 E	4.93	6.27	8.65	8.89	7.50	4.79	7.28	5.47	—	—	—	—

将表3-7中结果代入式（3-12）中，可以得到各影响因素的权重向量 $c_p = [c_{p1},\ c_{p2},\ c_{p3},\ c_{p4},\ c_{p5},\ c_{p6},\ c_{p7},\ c_{p8}] = [0.10,\ 0.12,\ 0.12,\ 0.14,\ 0.11,\ 0.10,\ 0.14,\ 0.16]$。

3.2.4　可崩性综合评判

当评判指标的权向量 c_p 和模糊综合评判矩阵 R［式（3-11）］确定后，通过对 R 作模糊线性变化，把 c_p 变成评判集 V 上的模糊子集 B：

$$B = c_p \circ R = [c_{p1}\ \ c_{p2}\ \ c_{p3}\ \ c_{p4}\ \ c_{p5}\ \ c_{p6}\ \ c_{p7}\ \ c_{p8}] \circ \begin{bmatrix} A_{11} & A_{21} & A_{31} & A_{41} & A_{51} \\ A_{12} & A_{22} & A_{32} & A_{42} & A_{52} \\ A_{13} & A_{23} & A_{33} & A_{43} & A_{53} \\ A_{14} & A_{24} & A_{34} & A_{44} & A_{54} \\ A_{15} & A_{25} & A_{35} & A_{45} & A_{55} \\ A_{16} & A_{26} & A_{36} & A_{46} & A_{56} \\ A_{17} & A_{27} & A_{37} & A_{47} & A_{57} \\ A_{18} & A_{28} & A_{38} & A_{48} & A_{58} \end{bmatrix}$$

$$\begin{matrix} \text{I} & \text{II} & \text{III} & \text{IV} & \text{V} \\ = [b_1 & b_2 & b_3 & b_4 & b_5] \end{matrix}$$

$$(3\text{-}13)$$

式中　"○"——权向量与模糊综合评判矩阵的合成运算符，由于各可崩性影响因素评判指标均对可崩性产生作用，故采用加权平均模型。

首先根据最大隶属度原则，可获得模糊子集 B 向量中的最大值 $b_{max} = \max\{b_i\}$，i 的取值为 $1 \sim 5$。$b_{max} = \max\{b_i\}$ 位于哪一级则综合评判结果就定为该级。然后，以可崩性等级量化分值 Q_{vi} 的隶属度 b_i 为权系数，取各 Q_{vi} 的加权平均值作为综合评判的量化结果 FCA，即可崩性模糊综合评判 FCA 值：

$$FCA = \frac{\sum_{i=1}^{5} b_i Q_{vi}}{\sum_{i=1}^{5} b_i} \tag{3-14}$$

3.2.5　矿山可崩性评判

采用可崩性模糊综合评判方法并基于钻孔岩芯（钻孔与矿体间的空间位置关系见图 2-21）对矿岩可崩性进行评判，评判结果如图 3-9 所示，可崩性模糊综合评判 FCA 值在钻孔垂直方向上，由上至下基本呈现出增大的趋势，可崩性以极易崩 V 至难崩 Ⅱ，且以易崩 Ⅳ 和可崩 Ⅲ 为主。针对矿山的钻孔岩芯进行可崩性评判，实现了可崩性等级在钻孔方向上的连续分布，其优点在于可结合钻孔编录信息等统计出矿体上盘、矿体、矿体下盘中各种岩性的可崩性级别。

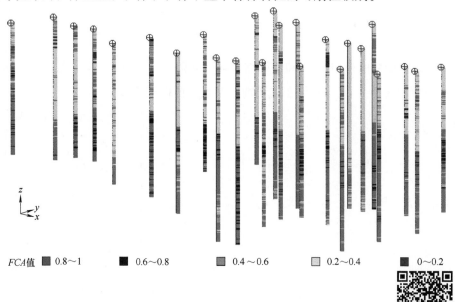

FCA值　■ 0.8~1　　　■ 0.6~0.8　　　■ 0.4~0.6　　　□ 0.2~0.4　　　■ 0~0.2

图 3-9　钻孔不同深度处 FCA 值的空间分布

彩图

根据钻孔不同深度处 *FCA* 值的分布，按长度统计出不同位置处不同岩性的可崩性级别，如图 3-10 所示。统计结果显示，上盘岩体以易崩（70.5%）为主，矿体以可崩（63.2%）为主，下盘岩体以可崩（66.25%）为主。总体而言该矿山岩体以易崩和可崩为主，易崩岩体约占 44.6%，可崩岩体约占 47.9%。

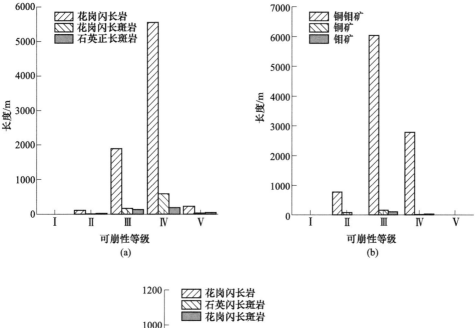

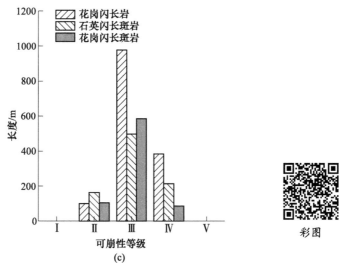

彩图

图 3-10　不同位置处不同岩性的可崩性级别

（a）上盘岩体；（b）矿体；（c）下盘岩体

将图 3-9 与 Q 值法（见图 3-4）和 *RMR* 法（见图 3-5）的评判结果进行对比，可知可崩性模糊综合评判结果基本位于 Q 值法和 *RMR* 法评判结果之间。*RMR* 法未考虑地应力的影响，而矿体埋深较大，地应力有利于矿体的自然崩落。Q 值法没有直接考虑矿石强度的影响，由点荷载强度可知部分矿石的强度较大，这将不利于矿体的自然崩落。综上所述，可崩性模糊综合评判结果是合理的。

3.3 可崩性空间分布模型的构建

可崩性评判结果均表征局部区域岩体，这些区域对于整个空间而言是离散的点，若借助这些离散的可崩性评判结果构建可崩性空间分布模型，将为矿山是否采用自然崩落法、实现自然崩落法的分区开采以及后续采矿工程的设计提供更全面的参考和依据。可崩性是用以描述岩体自然崩落难易程度的空间分布特征，即可崩性属于区域化变量。而地质统计学是以区域化变量理论为基础，以变异函数为主要工具，研究在空间分布上既有随机性又具有结构性的自然科学[151]。因此，采用地质统计学方法和块体模型构建可崩性空间分布模型。

3.3.1 地质统计学概述

地质统计学是以区域化变量理论为基础，以变异函数为主要工具，研究在空间分布上既有随机性又具有结构性的自然科学，或空间相关和依赖性的自然科学。其目的是描述事物在空间上的分布特征及确定影响空间格局的相关关系。地质统计学已被应用于地质学[152]、土壤学[153]、生态学[154]、环境科学[155]和气象学[156]等科学领域，即涉及空间分布数据的结构性和随机性、空间相关性与依赖性及空间格局与变异的研究，以及对这些数据进行无偏最优内插估计或数据离散性、波动性的模拟，均可采用地质统计学。

地质统计学的理论基础为区域化变量。区域化变量是指与空间位置有关的随机函数，其具有最显著的特征为随机性和结构性。一方面，区域化变量是随机函数，具有局部的、随机的、异常的特征；另一方面，区域化变量具有结构性，即在空间位置上相邻的两个点具有某种程度的自相关。地质统计学的主要工具为协方差函数和变异函数，用来表达区域化变量的结构性和随机性，是地质统计学建立的两个基本函数。地质统计学的主要内容为克里金插值，该方法是建立在变异函数理论及结构分析的基础之上，实质是利用区域化变量的原始数据及其相应变异函数特征，对未知点的区域化变量取值进行线性无偏最优估计。

对于一个具体的矿山而言，可崩性是用以描述岩体自然崩落难易程度的空间分布特征，不同空间位置处的可崩性表现出不同的级别。若将可崩性视为一个随机过程（即可崩性在区域内不是相互独立的，而是遵循一定的内在规律，是一个随机过程的结果），同时将可崩性理解为是以空间的三个直角坐标为自变量的随机场，是与其空间位置有关的随机函数，也是在区域内确定位置上的特定取值。

则可崩性属于区域化变量，可用地质统计学的原理和方法获得可崩性空间分布模型。

3.3.2　可崩性的基本假设

岩体自然崩落现象中，由于仅能获得可崩性的一个或几个实现，难以推断可崩性的整体分布。在这种情况下，可崩性需要满足地质统计学的基本假设。

可崩性空间分布模型构建的实质是将可崩性这一地学问题抽象为数学问题。由于可崩性的复杂性，需要利用现有的资料、数据分析以及可崩性的内在规律、演化特性等进行平稳性假设（统计意义上的均质性）。地质统计学中平稳性表示随机函数的分布规律不因位移而改变。平稳性假设中包含两种：一类是均值平稳；另一类是与协方差函数有关的二阶平稳假设和与变异函数有关的内蕴平稳假设。二阶平稳假设和内蕴假设均是为了获得基本重复规律而做的基本假设，通过协方差和变异函数可以进行预测和估计预测结果的不确定性。

3.3.2.1　均值平稳性假设

均值平稳性假设即假设均值不变且与位置无关，可采用直方图分析判断。按可崩性评判结果，如图 3-9 所示，分别统计出在垂直方向上不同可崩性等级的岩芯长度及位置，然后确定其分布频率。最终，获得的可崩性模糊综合评判值的分布频率直方图如图 3-11 所示，并按照高斯分布函数进行拟合。由图 3-11 可知，可崩性均服从高斯分布，即表明可以进行下一步平稳性验证。若可崩性数据不满足高斯分布，则需要进行数据变换或消除不满足的原因。

3.3.2.2　二阶平稳假设

二阶平稳假设是研究区域化变量本身的特征。二阶平稳是假设具有相同距离和方向的任意两点的协方差是相同的，可以表示为[151]：

条件 1
$$E[Z(x)] = m \ \forall x \tag{3-15}$$

条件 2
$$Cov[Z(x), \ Z(x+h)] = E[(Z(x) - m)(Z(x+h) - m)] = C(h) \ \forall x, \ \forall h \tag{3-16}$$

式中　$Z(x)$——区域化变量；

E——数学期望；

Cov——协方差；

h——配对抽样的间隔距离。

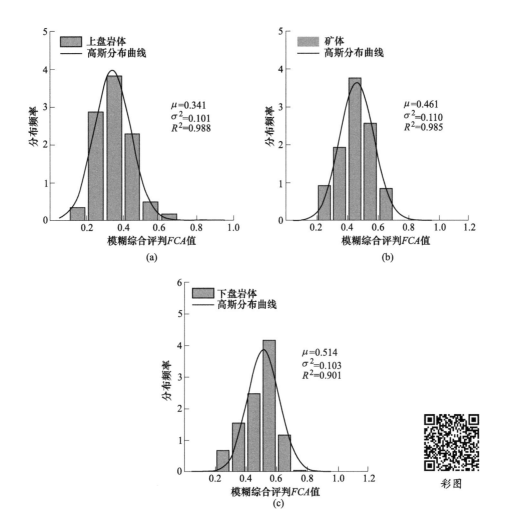

图 3-11 可崩性模糊综合评判值的分布频率直方图

（a）上盘岩体；（b）矿体；（c）下盘岩体

由式（3-15）和式（3-16）可知，二阶平稳假设主要与区域化变量 $Z(x)$ 的协方差函数有关。其中条件 1 可通过均值平稳性假设判定。而协方差分析是一种建立在方差分析和回归分析基础之上的统计分析方法。若两个区域化变量 $Z(x)$ 和 $Z(x+h)$ 相互独立，则协方差 $C(h)=0$，若 $C(h) \neq 0$ 则它们之间存在着一定的关系。协方差函数 $C(h)$ 采用试验值确定，即试验协方差函数 $C(h)$：

$$C(h) = \frac{1}{N(h)} \sum_{i=1}^{N(h)} \left[Z(x_i) - \overline{Z}(x_i) \right] \left[Z(x_i + h) - \overline{Z}(x_i + h) \right]$$

$$\overline{Z}(x_i) = \frac{1}{n} \sum_{i=1}^{n} Z(x_i) \tag{3-17}$$

$$\overline{Z}(x_i + h) = \frac{1}{n} \sum_{i=1}^{n} Z(x_i + h)$$

式中 $N(h)$ ——间隔距离 h 时的样本对数，对；

 $\overline{Z}(x_i)$, $\overline{Z}(x_i + h)$ ——$Z(x_i)$ 和 $Z(x_i + h)$ 的样本算术平均值，m；

    n ——样本个数，个。

对获得的可崩性样本数据进行全方向的统计与分析，以此来确定全方向的协方差函数。对上盘岩体、矿体、下盘岩体的可崩性数据进行统计分析，统计的范围为取样点的 1000 m 之内，其中上盘岩体和矿体每隔 75 m 进行一次统计，下盘岩体每隔 80 m 进行一次统计，最终获得全方向可崩性协方差统计表，详见表 3-8。将表 3-8 中的数据绘制成散点图如图 3-12 所示，根据数据特点，协方差函数模型采用指数模型：

$$C(h) = w - m\left(1 - e^{-\frac{h}{a}}\right) \tag{3-18}$$

表 3-8 可崩性全方向协方差统计表

上盘岩体			矿体			下盘岩体		
h/m	$N(h)/$对	$C(h)/\mathrm{m}^2$	h/m	$N(h)/$对	$C(h)/\mathrm{m}^2$	h/m	$N(h)/$对	$C(h)/\mathrm{m}^2$
0	32898	0.834485	0	44874	1.8399	0	4770	0.371
75	65786	0.492485	75	104918	1.2129	80	4511	0.317
150	102531	0.308485	150	161421	0.3839	160	3835	0.169
225	189244	0.271485	225	325190	0.3489	240	7055	0.112
300	174097	0.118485	300	330272	0.2029	320	3188	0.08
375	151327	0.034485	375	311119	-0.0651	400	12668	0.035
450	262855	0.093485	450	454041	0.0209	480	5721	-0.01
525	238139	-0.015515	525	490407	-0.0501	560	13681	-0.017
600	274825	0.095485	600	566379	-0.0461	640	4395	0.006
675	193563	-0.025515	675	471246	-0.5131	720	5985	-0.048
750	286065	-0.048515	750	477497	-0.0141	800	14000	0.013
825	333458	-0.154515	825	554214	0.0499	880	3226	0.008
900	274264	-0.109515	900	472774	-0.3521	960	9482	-0.043
975	207130	-0.111515	975	366654	-0.1751			

按指数模型［见式（3-18）］进行拟合，分别获得可崩性在矿体上盘、矿体、矿体下盘处的协方差函数，如图 3-12 所示。结果表明可崩性协方差函数符合指数分布，协方差函数的存在也表明可崩性满足二阶平稳假设。

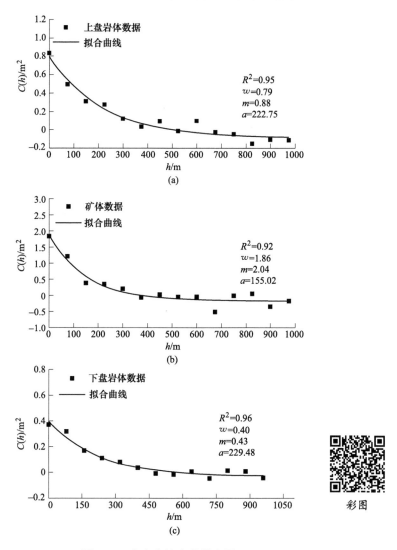

图 3-12　全方向协方差散点图

（a）上盘岩体；（b）矿体；（c）下盘岩体

3.3.2.3　内蕴平稳假设

内蕴假设是研究区域化变量增量的特征。内蕴平稳假设是指具有相同距离和方向的任意两点间的变异函数是相同的，即：

条件 1　　　　　　$E[Z(x) - Z(x + h)] = 0$　　$\forall x, \ \forall h$　　　　　(3-19)

条件 2

$$Var[Z(x) - Z(x + h)] = E[Z(x) - Z(x + h)]^2 = 2\gamma(h)　　\forall x, \ \forall h$$

(3-20)

式中　Var——方差;

　　　$\gamma(h)$——变异函数。

由式 (3-19) 和式 (3-20) 可知, 内蕴假设与区域化变量 $Z(x)$ 的变异函数有关。条件 1 通过均值平稳性假设判定。而变异函数 $\gamma(h)$ 指 $Z(x)$ 在点 x 和 $x + h$ 处的值 $Z(x)$ 与 $Z(x + h)$ 差的方差的一半。采用试验值确定, 即变异函数 $\gamma(h)$:

$$\gamma(h) = \frac{1}{2} \frac{1}{N(h)} \sum_{i=1}^{N(h)} [Z(x_i) - Z(x_i + h)]^2$$

(3-21)

对获得的可崩性样本数据进行全方向的统计与分析, 以此来确定全方向的变异函数。对上盘岩体、矿体、下盘岩体的可崩性数据分别进行统计分析, 统计的范围为取样点的 1000 m 之内, 其中上盘岩体和矿体每隔 75 m 进行一次统计, 下盘岩体每隔 80 m 进行一次统计, 获得全方向可崩性样本变异统计表, 见表 3-9。

表 3-9　可崩性全方向变异统计表

上盘岩体			矿体			下盘岩体		
h/m	$N(h)$/对	$\gamma(h)/m^2$	h/m	$N(h)$/对	$\gamma(h)/m^2$	h/m	$N(h)$/对	$\gamma(h)/m^2$
0	32898	0.427	0	44874	0.489	0	4770	0.249
75	65786	0.769	75	104918	1.116	80	4511	0.303
150	102531	0.953	150	161421	1.945	160	3835	0.451
225	189244	0.99	225	325190	1.98	240	7055	0.508
300	174097	1.143	300	330272	2.126	320	3188	0.54
375	151327	1.227	375	311119	2.394	400	12668	0.585
450	262855	1.168	450	454041	2.308	480	5721	0.63
525	238139	1.277	525	490407	2.379	560	13681	0.637
600	274825	1.166	600	566379	2.375	640	4395	0.614
675	193563	1.287	675	471246	2.842	720	5985	0.668
750	286065	1.31	750	477497	2.343	800	14000	0.607
825	333458	1.416	825	554214	2.279	880	3226	0.612
900	274264	1.371	900	472774	2.681	960	9482	0.663
975	207130	1.373	975	366654	2.504			

将表 3-9 中的数据绘制成散点图, 如图 3-13 所示, 根据数据特点, 采用指数变异函数模型:

$$\gamma(h) = C_0 + C_1(1 - e^{-\frac{h}{a}}) \tag{3-22}$$

式中　C_0——块金值，m^2；

　　　C_1——偏基台值，m^2；

　C_0+C_1——基台值，m^2；

　　　$3a$——变程，m。

　　按变异函数的指数模型［式（3-22）］进行拟合，分别获得可崩性在矿体上盘、矿体、矿体下盘处的全方向变异函数，如图 3-13 所示。

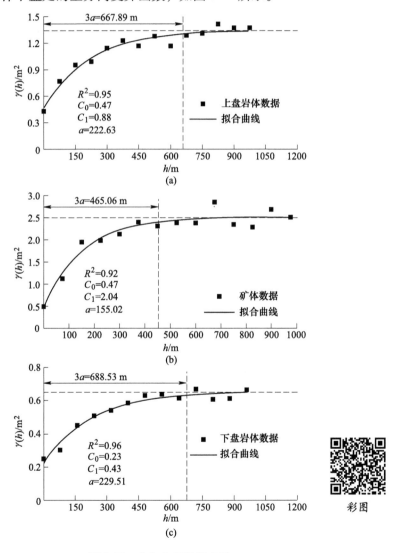

图 3-13　全方向变异散点图

（a）上盘岩体；（b）矿体；（c）下盘岩体

　　全方向变异函数是指各方向的平均变异函数，反映可崩性总的变异程度。变异函数中块金值 C_0 表示采样点间距 h 很小时两点间可崩性值的变化，理论上变异函数通过原点，但实际工作中由于存在测量误差和空间变异，即使间距 h 很小，取样点也存在一定的差异，即块金效应。当变异函数的取值由初始的块金值达到基台值时，采样点的间隔称为变程，指数模型中变程为 $3a$，反映了研究对象在研究区域内的相关性，描述了在该间隔内样点的空间相关性。在变程内，两点越近则空间上的相关性越强。若某点与已知点距离大于变程，则这两点间不存在空间相关性，该点数据就不能用于数据内插或外推。$C = C_0 + C_1$ 为基台值，随着采样点 h 增大，变异函数从初始的块金值达到一个相对稳定的常数 C，它是系统或系统属性中最大滞后距的极限值，反映了区域化变量在研究范围内变异的强度。

　　由图 3-13 可知，可崩性变异函数符合指数分布，变异函数的存在表明可崩性满足内蕴平稳假设。同时根据拟合结果可知，上盘岩体的变程为 667.89 m，矿体的变程为 465.06 m，下盘岩体的变程为 688.53 m，变程值反映了可崩性的空间相关性。

3.3.3　可崩性空间分布模型

　　在上述基本假设下，可采用地质统计学的方法构建可崩性空间分布模型。构建可崩性空间分布模型的核心是进行三维空间插值，即根据空间上分布的离散可崩性采样点值估算出未知点值，或将离散的空间数据点转换为连续的空间数据面。地质统计学将这种估值方法统称为克里金法。克里金法是一种以得到无偏最优估计量为目标的广义最小二乘回归算法，即估值误差的数学期望为 0，方差达到最小。克里金法主要包括两个步骤：第一步进行区域化变量（可崩性）的结构性分析；第二步根据克里金算法估计未知点值。

3.3.3.1　可崩性的结构性

　　可崩性的真实变化可能与方向有关，即具有结构性或各项异性。因此需要进行结构性分析。结构性分析的目的是为克里金空间插值法提供必要的、有关区域化变量的空间变异信息。结构性分析是指通过构造一个变异函数模型对全部有效的结构信息做定量化的概括，以表征区域化变量的结构性。结构性分析主要通过套合结构的方法实现，即将分别出现在不同距离和不同方向上（通常为 3 个方向)同时起作用的变异性组合起来。套合结构可表示为多个变异函数之和,每一个变异函数代表一种特定尺度上的变异性,其表达式为:

$$\gamma(h) = \gamma_0(h) + \gamma_1(h) + \cdots + \gamma_n(h) = \sum_{i=0}^{n} \gamma_n(h) \quad (3\text{-}23)$$

在内蕴平稳假设中获得了全方向变异函数,然而可崩性在不同的方向上有不同的变异函数(结构性),为了表征可崩性的结构性以及获得代表可崩性变异特征的结构模型,需要建立不同方向上的变异函数。可崩性结构性分析的基本思路是:求三个相互垂直方向上(主轴方向、次轴方向、短轴方向)的变异函数,三个方向的变程比值就是结构性中轴的比例,该比例将作为后续插值时搜索样点的范围限制条件。

A 上盘岩体可崩性的结构性分析

以矿体的产状为基准,对上盘岩体的 12 个方向上的变异函数进行统计分析,将统计结果绘制成散点图,如图 3-14 所示。将图 3-14 中数据按变异函数指数模型进行拟合,各方向拟合结果见表 3-10。结合图 3-14 和表 3-10 中变异函数的拟合结果,确定出变异函数形态较好的方向 11 作为主轴,该方向上的块金值 C_0 为 0.43 m^2,偏基台值 C_1 为 1.76 m^2,变程 $3a$ 为 1065.49 m,相关系数 R^2 为 0.95。

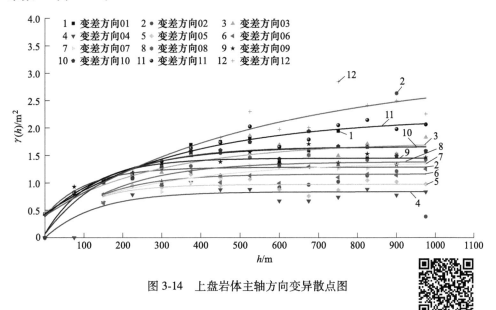

图 3-14 上盘岩体主轴方向变异散点图

彩图

表 3-10　上盘岩体主轴方向变异函数拟合结果

$\gamma(h)$	方向 01	方向 02	方向 03	方向 04	方向 05	方向 06	方向 07	方向 08	方向 09	方向 10	方向 11	方向 12
C_0/m^2	0.39	0.4	0.46	0.00	0.00	0.00	0.39	0.02	0.07	0.07	0.43	0.40
C_1/m^2	1.27	0.89	1.28	0.84	0.97	1.16	1.00	1.37	1.38	1.59	1.76	2.61
$3a/\text{m}$	566.0	314.52	906.70	383.77	305.35	402.47	926.41	529.63	343.25	496.03	1065.49	1695.23
R^2	0.79	0.06	0.82	0.74	0.26	0.46	0.62	0.66	0.85	0.90	0.95	0.90

　　在垂直于主轴的方向上产生 12 个次轴方向，对这 12 个方向上的变异函数分别进行统计分析，并将统计结果绘制成散点图，如图 3-15 所示。将图 3-15 中的可崩性数据按变异函数指数模型进行拟合，拟合结果见表 3-11。综合图 3-15 和表 3-11 中变异函数的数据结果，确定出变异函数形态较好（拟合效果最好）的方向 4 作为次轴，该方向上的块金值 C_0 为 0.06 m²，偏基台值 C_1 为 1.34 m²，变程 $3a$ 为 547.65 m，相关系数 R^2 为 0.88。

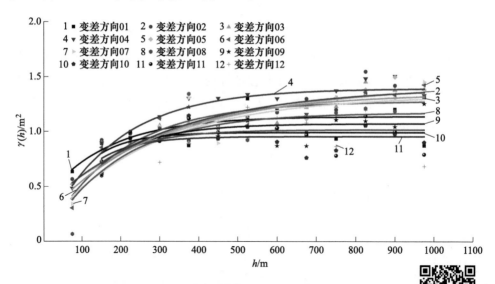

图 3-15　上盘岩体次轴方向变异散点图

彩图

表 3-11　上盘岩体次轴方向变异函数拟合结果

$\gamma(h)$	方向 01	方向 02	方向 03	方向 04	方向 05	方向 06	方向 07	方向 08	方向 09	方向 10	方向 11	方向 12
C_0/m^2	0.38	0.30	0.20	0.06	0.33	0.01	0.12	0.00	0.00	0.00	0.00	0.00
C_1/m^2	0.76	1.11	1.15	1.34	1.11	1.27	1.21	1.18	1.07	0.96	0.99	1.02
$3a/\text{m}$	497.65	951.07	830.00	547.65	1109.97	580.60	834.40	575.81	415.42	288.40	272.12	372.20
R^2	0.41	0.79	0.78	0.88	0.80	0.78	0.74	0.69	0.42	0.22	0.15	0.16

短轴与主轴和次轴垂直，即主轴和次轴方向确定后短轴可直接确定，短轴方向上的变程为 323.42 m，上盘岩体三方向变异散点图如图 3-16 所示。

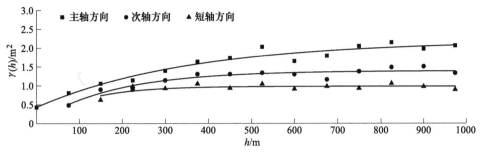

图 3-16 上盘岩体三方向变异散点图

彩图

则上盘岩体结构性分析的结果为主轴方向的变程为 1065.49 m，主轴/次轴为 1.95，主轴/短轴为 3.30，该结构性参数将作为后续插值时搜索样点的范围限制条件。

B 矿体可崩性的结构性分析

以矿体的产状为基准，对矿体的 12 个方向上的变异函数进行统计分析。将统计结果绘制成散点图，如图 3-17 所示，并按变异函数指数模型进行拟合，拟合

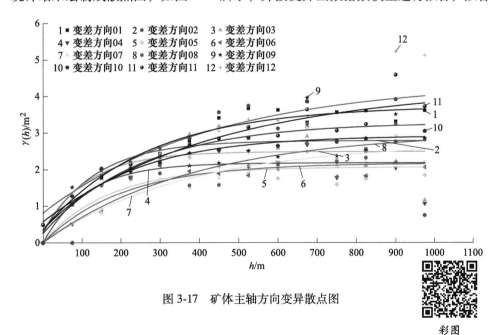

图 3-17 矿体主轴方向变异散点图

彩图

结果见表 3-12。结合图 3-17 和表 3-12 中变异函数的拟合结果，确定出变异函数形态较好的方向 1 作为主轴，该方向上的块金值 C_0 为 0.35 m^2，偏基台值 C_1 为 3.39 m^2，变程 $3a$ 为 794.04 m，相关系数 R^2 为 0.95。

表 3-12　矿体主轴方向变异函数拟合结果

$\gamma(h)$	方向1	方向2	方向3	方向4	方向5	方向6	方向7	方向8	方向9	方向10	方向11	方向12
C_0/m^2	0.35	0.28	0.32	0.00	0.00	0.00	0.00	0.01	0.36	0.26	0.58	0.81
C_1/m^2	3.39	2.51	2.17	2.19	2.07	2.18	2.73	3.01	2.57	3.03	3.67	3.57
$3a/m$	794.04	399.46	343.35	334.89	493.88	609.5	1087.86	1139.85	674.73	755.07	1364.63	1291.1
R^2	0.95	0.43	0.50	0.64	0.74	0.81	0.83	0.77	0.67	0.82	0.89	0.83

在垂直于主轴的方向上产生 12 个次轴方向，对这 12 个方向上的变异函数进行统计分析，统计结果绘制成散点图，如图 3-18 所示。将图 3-18 中数据按变异函数指数模型进行拟合，结果见表 3-13。结合图 3-18 和表 3-13 中变异函数的拟合结果，确定出变异函数形态较好的方向 7 作为次轴，该方向上的块金值 C_0 为 0.89 m^2，偏基台值 C_1 为 2.24 m^2，变程 $3a$ 为 724.13 m，相关系数 R^2 为 0.82。

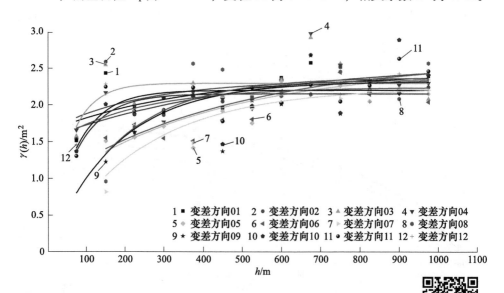

图 3-18　矿体次轴方向变异散点图

表 3-13 矿体次轴方向变异函数拟合结果

$\gamma(h)$	方向 1	方向 2	方向 3	方向 4	方向 5	方向 6	方向 7	方向 8	方向 9	方向 10	方向 11	方向 12
C_0/m^2	1.63	1.64	0.00	1.55	0.85	0.93	0.89	1.01	0.23	0.07	0.00	1.45
C_1/m^2	0.78	0.71	2.30	1.07	1.68	1.72	2.24	2.38	2.32	2.16	2.20	0.80
$3a/m$	1070.15	731.57	165.57	1636.47	1229.7	1396.66	724.13	544.36	531.02	224.55	219.5	666.35
R^2	0.27	0.12	0.22	0.32	0.31	0.24	0.82	0.66	0.29	0.24	0.43	0.36

主轴和次轴方向确定后短轴方向可直接确定，短轴方向上的变程为202.59 m。矿体三方向变异散点图如图3-19所示，即主轴方向的变程为794.04 m，主轴/次轴为1.10，主轴/短轴为3.92，该结构性参数将作为后续插值时搜索样点的范围限制条件。

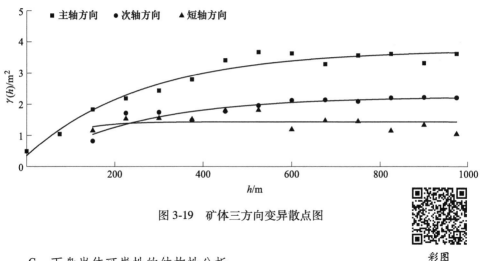

图 3-19 矿体三方向变异散点图

彩图

C 下盘岩体可崩性的结构性分析

以矿体的产状为基准，对下盘岩体的12个方向上的变异函数进行统计分析，并将统计结果绘制成散点图，如图3-20所示。将图3-20中数据按变异函数指数模型进行拟合，拟合结果见表3-14。

表 3-14 下盘岩体主轴方向变异函数拟合结果

$\gamma(h)$	方向 1	方向 2	方向 3	方向 4	方向 5	方向 6	方向 7	方向 8	方向 9	方向 10	方向 11	方向 12
C_0/m^2	0.00	无	0.00	0.00	0.00	0.00	0.00	0.20	0.03	0.00	0.00	0.04
C_1/m^2	0.89	无	1.20	1.06	0.90	0.82	0.74	0.82	0.61	0.67	0.76	0.95
$3a/m$	957.65	无	126.83	715.03	618.26	613.98	830.72	770.73	667.53	1134.56	1397.00	1692.98
R^2	0.07	无	0.05	0.02	0.12	0.04	0.76	0.94	0.27	0.27	0.21	0.55

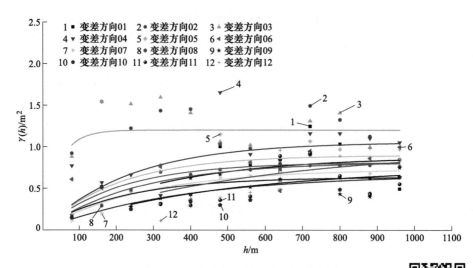

图 3-20　下盘岩体主轴方向变异散点图

综合图 3-20 和表 3-14 中的结果，确定出变异函数形态较好的方向 8 作为主轴，该方向上的块金值 C_0 为 0.20 m^2，偏基台值 C_1 为 0.82 m^2，变程 $3a$ 为 770.73 m，相关系数 R^2 为 0.94。

在垂直于主轴的方向上产生 12 个次轴方向，对这 12 个方向上的变异函数进行统计分析，统计结果绘制成散点图，如图 3-21 所示。将图 3-21 中数据按变异函

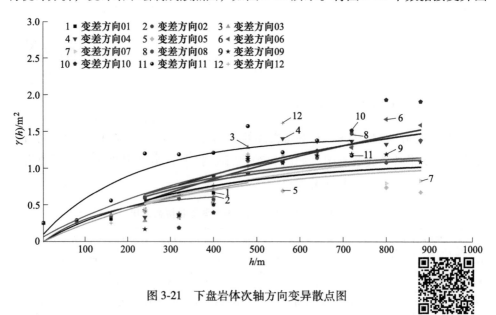

图 3-21　下盘岩体次轴方向变异散点图

数指数模型进行拟合，各方向拟合结果见表 3-15。结合图 3-21 和表 3-15 中变异函数的拟合结果，确定出变异函数形态较好的方向 11 作为次轴，该方向上的块金值 C_0 为 0.10 m^2，偏基台值 C_1 为 1.32 m^2，变程 $3a$ 为 667.84 m，相关系数 R^2 为 0.79。

表 3-15　下盘岩体次轴方向变异函数拟合结果

$\gamma(h)$	方向 1	方向 2	方向 3	方向 4	方向 5	方向 6	方向 7	方向 8	方向 9	方向 10	方向 11	方向 12
C_0/m^2	0.09	0.11	0.13	0.12	0.10	0.00	0.00	0.00	0.00	0.00	0.10	0.07
C_1/m^2	0.91	0.67	1.28	2.68	1.08	1.22	1.36	1.20	1.10	1.98	1.32	1.60
$3a/m$	826.5	502.15	1455.4	3135.4	1136.95	964.7	1496.85	1015.6	1023.9	1940.97	667.84	1582.74
R^2	0.51	0.31	0.50	0.75	0.27	0.51	0.35	0.56	0.56	0.61	0.79	0.67

主轴和次轴方向确定后短轴方向可直接确定，短轴方向上的变程为 375.71 m。下盘岩体三方向变异散点图如图 3-22 所示。

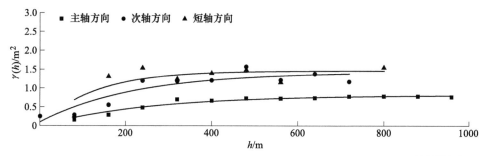

图 3-22　下盘岩体三方向变异散点图

彩图

则下盘岩体可崩性结构性分析的结果为主轴方向的变程为 770.73 m，主轴/次轴为 1.15，主轴/短轴为 2.05，该结构性参数将作为后续插值时搜索样点的范围限制条件。

3.3.3.2　克里金法

克里金法（又称空间局部估计或空间局部插值法）是基于采样数据反映区域化变量的结构信息（变异函数），根据待估点有限邻域内的采样点数据，考虑样本点的空间相互位置关系，以及样本点与待估点的空间位置关系，对待估点进行的一种无偏最优估计。由于克里金插值法是在获取区域化变量某一特征的自相关程度上进行插值，因此可以对待估点给出最优无偏估计，同时能提供估计值的误差和精确度。

克里金估计值是通过该待估点或待估块段影响范围内的 n 个有效样本值的线性组合得到，即克里金估计值 $Z_v(x)$[151]：

$$Z_v(x) = \sum_{i=1}^{n} \lambda_i Z(x_i) \tag{3-24}$$

式中　x——研究区域内任一点的位置；

　$Z(x_i)$——已知样本值；

　λ_i——权系数，表示各个已知样本值 $Z(x_i)$ 对克里金估计值 $Z_v(x)$ 的贡献。

显然，克里金估计值 $Z_v(x)$ 的好坏取决于权系数 λ_i 的选择和计算，合理的方法是获得一种无偏最优估计，即实际值 $Z(x)$ 和估计值 $Z_v(x)$ 之间的偏差平均值为 0（估计误差的期望为 0），以及实际值 $Z(x)$ 和估计值 $Z_v(x)$ 之间的方差尽可能小（方差最小），用数学方程可表示[151]：

$$E[Z(x) - Z_v(x)] = 0 \tag{3-25}$$

$$Var[Z(x) - Z_v(x)] = E[Z(x) - Z_v(x)]^2 \to \min \tag{3-26}$$

其中，式（3-25）可写为：

$$E[Z(x) - Z_v(x)] = E[Z(x)] - \sum_{i=1}^{n} \lambda_i E[Z(x_i)] = 0 \tag{3-27}$$

式（3-26）可表示为：

$$Var[Z(x) - Z_v(x)]$$

$$= E[Z^2(x)] - 2\sum_{i=1}^{n} \lambda_i E[Z(x) \times Z(x_i)] + \sum_{i=1}^{n}\sum_{j=1}^{n} \lambda_i \lambda_j E[Z(x_i) \times Z(x_j)] \tag{3-28}$$

由于研究目的和条件的不同，在式（3-27）和式（3-28）的基础上相继产生了各种各样的克里金法，主要有简单克里金法、普通克里金法、泛克里金法、对数正态克里金法、指示克里金法、概率克里金法、析取克里金法、协同克里金法等。由可崩性的平稳性假设可知，可崩性服从正态分布，满足二阶平稳假设和内蕴平稳假设，但数学期望是未知的，即可采用普通克里金法进行可崩性的三维空间插值。

普通克里金法中区域化变量 $Z(x)$ 满足二阶平稳假设，其数学期望 m 是未知的，协方差函数 $C(h)$ 和变异函数 $\gamma(h)$ 存在且平稳。设待估中心点 x 的值 $Z(x)$，其附近有 n 个样本点，且观测值为 $Z(x_i)$。克里金估计值 $Z_v(x)$ 与真实值 $Z(x)$ 满足无偏条件，则由协方差表示的普通克里金方程组为[151]：

$$\begin{cases} \sum_{j=1}^{n} \lambda_j C(x_i, x_j) - \mu = C(x, x_j) \\ \sum_{i=1}^{n} \lambda_i = 1 \end{cases} \tag{3-29}$$

用变异函数 $\gamma(h)$ 表示普通克里金方程组为[151]:

$$\begin{cases} \sum_{j=1}^{n} \lambda_j \gamma(x_i, x_j) + \mu = \gamma(x, x_j) \\ \sum_{i=1}^{n} \lambda_i = 1 \end{cases} \tag{3-30}$$

将式(3-29)或式(3-30)解出的权系数 λ_i 代入式(3-24)中,即可得到普通克里金估计值 $Z_v(x)$。本书将采用普通克里金法完成可崩性的三维空间插值。

3.3.3.3 交叉验证

在进行结构性分析和确定克里金法后,需要通过交叉验证的方法进一步验证所确定的插值方法和估值参数的正确性,若不符合工程要求需重新确定插值方法、估值参数或者对数据进行变换。交叉验证的方法是,依次拿掉一个已知值,然后用该插值方法和待估域周围的已知值去估该已知值,最后把这些真值和估计值进行比较,确定结构性参数和插值方法的正确性。采用交叉验证方法得到了上盘岩体、矿体、下盘岩体的可崩性普通克里金估计值与残差图,如图3-23~图3-25

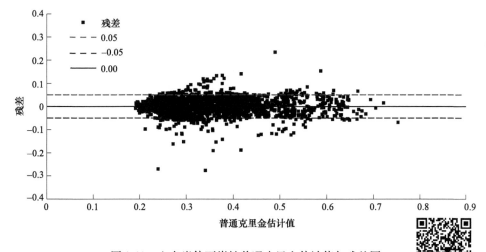

图 3-23 上盘岩体可崩性普通克里金估计值与残差图

彩图

所示。由图 3-23~图 3-25 可知，残差的范围集中在 -0.05~0.05，表明插值方法和结构性参数较好地反映了可崩性的空间分布规律且可用来进行可崩性的三维空间插值。

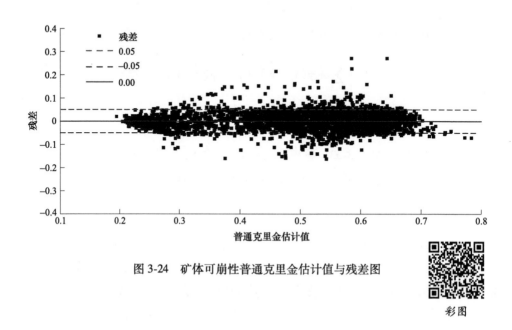

图 3-24　矿体可崩性普通克里金估计值与残差图

彩图

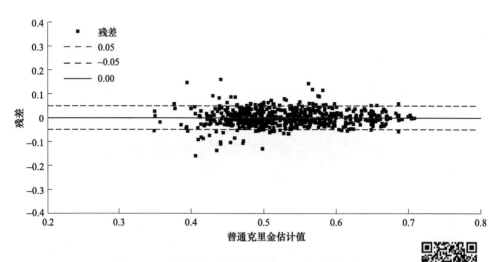

图 3-25　下盘岩体可崩性普通克里金估计值与残差图

彩图

3.3.3.4 三维空间插值

在可崩性的基本假设、结构性分析以及交叉验证的基础上，表明用地质统计学方法构建可崩性空间分布模型是可行的。此时，需要一个空间数据库用来存储三维空间插值运算后得到的数据，即块体模型。块体模型将一定范围内的岩体或矿体，按一定尺寸划分为若干个空间块体。每个块体都有一个质心点，在质心点上可以存储数据，同时也实现了所存储数据的空间参照性。根据矿体范围，确定模型的范围并划分为若干个块体，建立的块体模型如图 3-26 所示。块体模型中块体尺寸为 20 m×20 m×20 m，该尺寸远小于变程值。以块体模型作为可崩性数据的载体，采用地质统计学插值方法估值每个块体模型的可崩性数值，即可获得可崩性空间分布模型。

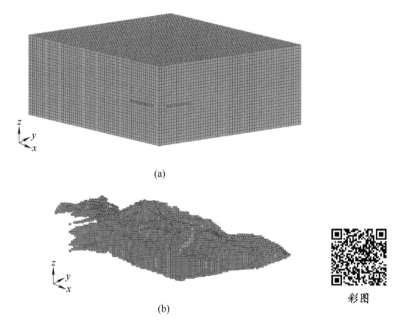

(a)

(b)

彩图

图 3-26 块体模型
（a）块体模型；（b）矿体块体模型

在块体模型的基础上，以可崩性评判数据为数据源，结构性参数为插值时搜索数据样点的范围限制条件，采用普通克里金法分别完成上盘岩体、矿体以及下盘岩体可崩性的三维空间插值并赋值于相对应的块体模型中。在插值过程中保证数据样本点的个数不少于 5 个（综合考虑计算速度本书选取 5 到 15 个）。最后完成整个块体模型区域内可崩性的三维空间插值，分别得到的上盘岩体、矿体以及下盘岩体的可崩性空间分布模型，如图 3-27~图 3-29 所示。

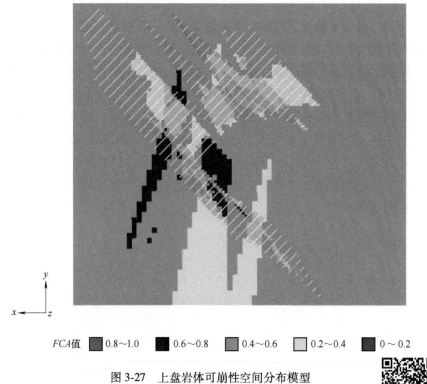

FCA值 ■ 0.8~1.0 ■ 0.6~0.8 ■ 0.4~0.6 ■ 0.2~0.4 ■ 0~0.2

图 3-27　上盘岩体可崩性空间分布模型

彩图

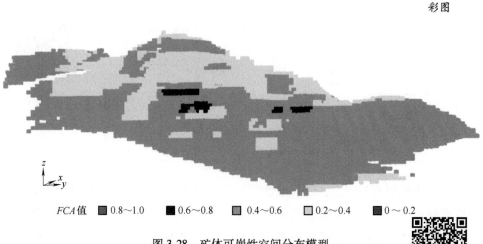

FCA值 ■ 0.8~1.0 ■ 0.6~0.8 ■ 0.4~0.6 ■ 0.2~0.4 ■ 0~0.2

图 3-28　矿体可崩性空间分布模型

彩图

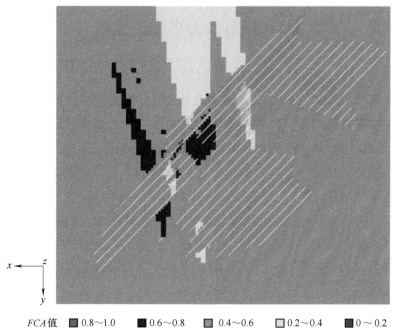

FCA值 ■ 0.8～1.0   ■ 0.6～0.8   ■ 0.4～0.6   □ 0.2～0.4   ■ 0～0.2

图 3-29   下盘岩体可崩性空间分布模型

彩图

　　通过构建可崩性空间分布模型可获得可崩性在整个空间内的分布规律。模型显示矿体（见图 3-28）的可崩性模糊综合评判值随空间位置而发生相邻级别变化，变化幅度不大，有利于对自然崩落进程与崩落块度控制。矿床可崩性以可崩和易崩为主，局部出现难崩岩体。可崩性空间分布模型的构建，更有利于矿山决定是否采用自然崩落法，以及针对可崩性等级的不同实现分区开采，同时也可作为后续采矿工程设计的参考和依据。其中，矿体可崩性空间分布模型（见图 3-28）将作为后续可崩性区域划分以及分区开采方法确定的依据之一。

3.4　崩落水力半径的预测

在研究了岩体可崩性级别以及空间分布规律的基础上，需进一步研究岩体发生自然崩落的拉底尺寸（崩落水力半径），即预测多大拉底尺寸条件下岩体能够发生自然崩落。然而由上述研究内容可知，可崩性受众多因素的影响，如此多的因素还无法直接借助力学原理或数值模拟来对岩体自然崩落的尺寸进行研究。目前岩体自然崩落尺寸的预测仍以工程经验为主，主要包括Laubscher 崩落图解法[36-37,64]和 Mathews 稳定性图解法[65-66]。Laubscher 崩落图［见图 3-30（b）］是针对软弱破碎矿体的崩落规律而提出的，其出发点为崩落采矿法，具有针对性且应用较广泛。然而，一旦岩体强度显著高于现有工程经验（评判指标>50）时，该方法预测的准确率就大打折扣[7,67]，主要原因是该体系中对于硬岩工程经验的缺乏以及有限的工程样本所致。Mathews 稳定图[65]［见图 3-30（a）］是关于岩体质量、开采深度、采场尺寸与稳定性间的一种经验关系，主要是基于硬岩工程实例所提出，并没有直接考虑岩石强度对岩体自然崩落难易程度的影响。

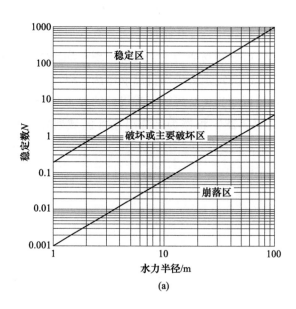

(a)

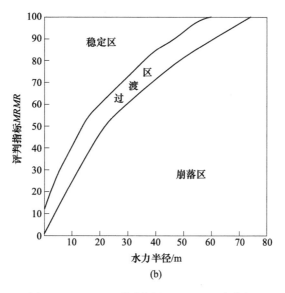

彩图

图 3-30　Mathews 稳定图和 Laubscher 崩落图

(a) Mathews 稳定图[65]; (b) Laubscher 崩落图[36]

在自然崩落法中，岩体发生自然崩落的拉底尺寸常以水力半径作为指标。水力半径（或形状因子）是拉底面积与周长的比值，是一个描述拉底大小和形状的物理量。通常拉底工程可近似为是矩形，则水力半径可表示为：

$$HR = \frac{拉底面积}{拉底周长} = \frac{WL}{2(W+L)} \qquad (3-31)$$

式中　　HR——水力半径，m；

　　　　W——拉底的宽度，m；

　　　　L——拉底的跨度，m。

由于矿山目前尚未开采，无法直接建立可崩性模糊综合评判值与崩落水力半径间的对应关系。同时为了实现对岩体自然崩落的拉底尺寸进行预测，本书采用如下方法：首先在已有的数据中综合考虑可崩性影响因素和模糊综合评判值的分布情况，选择了 165 个模糊综合评判值（见表 3-16）和相对应的可崩性影响因素的具体数值；接着由可崩性影响因素（与模糊综合评判值相对应）确定出 Laubscher 崩落图的评判指标，并根据 Laubscher 崩落图确定出岩体自然崩落的水力半径（具体方法详见文献[37]）；由于 Laubscher 崩落图是针对软弱破碎矿体所提出，在确定的数据中只保留岩石单轴抗压强度小于 30 MPa（由点荷载强度转换）、岩石质量指标 RQD 值小于 50% 以及评判指标小于 50 的数据；然后对于未确定水力半径的数据均采用 Mathews 稳定图确定（具体方法详见参考文献[65]）；

最后汇总上述数据（见表 3-16），可以得到每个模糊综合评判值所对应的岩体自然崩落水力半径值，并绘制出散点图如图 3-31 所示。

表 3-16 可崩性模糊综合评判值与水力半径的统计表

| 序号 | FCA | 崩落水力半径 | | 序号 | FCA | 崩落水力半径 | | 序号 | FCA | 崩落水力半径 | |
		Laubscher 崩落图	Mathews 稳定图			Laubscher 崩落图	Mathews 稳定图			Laubscher 崩落图	Mathews 稳定图
1	0.10	4.6	—	29	0.42	—	22.5	57	0.46	—	26.2
2	0.12	6.0	—	30	0.42	—	25.5	58	0.46	—	22.9
3	0.14	7.5	—	31	0.42	26.8	—	59	0.46	—	22.0
4	0.16	8.0	—	32	0.42	—	22.5	60	0.46	—	25.3
5	0.18	9.5	—	33	0.42	23.7	—	61	0.46	—	27.1
6	0.22	13.1	—	34	0.42	—	23.7	62	0.46	—	26.2
7	0.26	13.7	—	35	0.42	—	23.7	63	0.46	—	31.9
8	0.32	19.1	—	36	0.42	—	24.7	64	0.46	—	31.4
9	0.32	19.1	—	37	0.42	26.1	—	65	0.48	—	32.1
10	0.33	19.1	—	38	0.42	—	26.2	66	0.48	—	36.5
11	0.35	22.1	—	39	0.42	23.1	—	67	0.48	—	34.4
12	0.36	—	22.1	40	0.44	21.7	—	68	0.48	—	33.0
13	0.36	—	22.1	41	0.44	25.0	—	69	0.48	34.2	—
14	0.36	20.6	—	42	0.44	—	26.3	70	0.48	32.5	—
15	0.37	20.5	—	43	0.44	—	27.0	71	0.48	—	34.3
16	0.39	20.8	—	44	0.44	—	26.8	72	0.48	—	32.4
17	0.40	20.6	—	45	0.44	—	26.7	73	0.48	34.9	—
18	0.40	20.6	—	46	0.44	26.4	—	74	0.48	34.6	—
19	0.40	—	20.7	47	0.44	—	23.7	75	0.48	34.5	—
20	0.40	—	20.7	48	0.44	—	26.2	76	0.48	—	34.4
21	0.40	26.2	—	49	0.44	25.4	—	77	0.48	—	33.0
22	0.40	25.7	—	50	0.44	—	21.8	78	0.48	32.1	—
23	0.40	—	26.0	51	0.46	—	21.7	79	0.48	34.9	—
24	0.40	25.1	—	52	0.46	—	21.3	80	0.48	—	34.5
25	0.40	—	25.0	53	0.46	—	25.3	81	0.48	34.5	—
26	0.40	—	22.9	54	0.46	—	26.0	82	0.48	—	34.4
27	0.42	26.8	—	55	0.46	—	25.3	83	0.48	—	34.4
28	0.42	26.1	—	56	0.46	—	25.7	84	0.48	—	33.1

序号	FCA	崩落水力半径		序号	FCA	崩落水力半径		序号	FCA	崩落水力半径	
		Laubscher 崩落图	Mathews 稳定图			Laubscher 崩落图	Mathews 稳定图			Laubscher 崩落图	Mathews 稳定图
85	0.48	—	33.4	112	0.50	—	37.8	139	0.60	—	44.4
86	0.48	—	33.6	113	0.50	—	33.2	140	0.60	40.7	—
87	0.48	33.5	—	114	0.52	35.6	—	141	0.60	—	43.4
88	0.48	—	32.1	115	0.52	—	40.6	142	0.60		55.3
89	0.48	31.4	—	116	0.52	—	37.3	143	0.60		44.4
90	0.48	33.4	—	117	0.52	—	40.3	144	0.60	—	46.1
91	0.48	—	32.8	118	0.52	—	38.1	145	0.60		42.3
92	0.50	—	32.2	119	0.52	—	37.7	146	0.62		55.3
93	0.50	31.9	—	120	0.52	—	37.3	147	0.62		46.0
94	0.50	—	32.3	121	0.52	—	39.7	148	0.62		43.7
95	0.50	—	37.3	122	0.52	—	39.3	149	0.62		45.3
96	0.50	—	32.3	123	0.52	—	40.6	150	0.62		44.4
97	0.50	—	34.4	124	0.52	34.6	—	151	0.62		48.0
98	0.50	—	33.0	125	0.52	33.9	—	152	0.62		48.0
99	0.50	—	32.3	126	0.54	36.4	—	153	0.62		58.0
100	0.50	—	32.1	127	0.54	—	40.1	154	0.62		58.0
101	0.50	—	34.9	128	0.54	—	34.2	155	0.64	—	58.0
102	0.50	33.0	—	129	0.54	—	35.6	156	0.64		58.0
103	0.50	—	34.9	130	0.54	—	43.8	157	0.64		58.0
104	0.50	—	34.5	131	0.56	—	33.0	158	0.64		58.0
105	0.50	—	33.1	132	0.56	31.9	—	159	0.66	—	64.0
106	0.50	35.9	—	133	0.56	34.1	—	160	0.66		64.0
107	0.50	34.4	—	134	0.58	35.2	—	161	0.66		64.0
108	0.50	33.9	—	135	0.58	39.6	—	162	0.66		64.0
109	0.50	—	37.7	136	0.58	37.4	—	163	0.67	—	69.0
110	0.50	—	32.9	137	0.58	—	44.0	164	0.68	—	69.9
111	0.50	—	40.7	138	0.60	—	55.3	165	0.72	—	75.0

　　根据图 3-31 中数据散点的分布规律按指数函数进行拟合，拟合结果详见式（3-33），然后移动拟合曲线确定出数据分布的上下边界曲线。模糊综合评判值与水力半径间的拟合关系，以及上下边界的计算式为：

$$HR = 5.28\mathrm{e}^{3.7FCA} + 7,\ \text{上边界曲线} \tag{3-32}$$

$$HR = 5.28\mathrm{e}^{3.7FCA},\ R^2 = 0.912 \tag{3-33}$$

$$HR = 5.28\mathrm{e}^{3.7FCA} - 9.5,\ \text{下边界曲线} \tag{3-34}$$

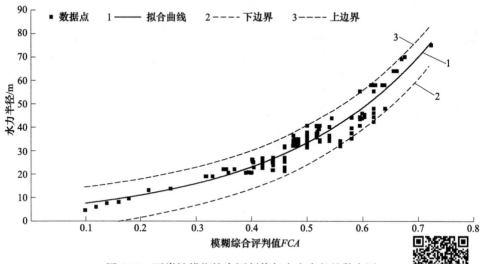

图 3-31　可崩性模糊综合评判值与水力半径的散点图

彩图

　　将模糊综合评判值 FCA 代入式（3-32）至式（3-34）可以预测岩体发生自然崩落的水力半径值或范围值。由可崩性的模糊综合评判和可崩性空间分布模型可知，可崩性以可崩和易崩为主，若以式（3-33）作为预测的计算式，则岩体发生自然崩落的水力半径为 11~49 m，若综合式（3-32）至式（3-34）以及图 3-31 中数据分布规律（下边界曲线在 FCA 值小于 0.2 时不存在），则发生自然崩落的水力半径为 11~56 m。

3.5 可崩性评价体系的建立

综上所述，可崩性评价体系由可崩性模糊综合评判、可崩性空间分布模型以及岩体自然崩落尺寸组成，其框架及基本评价流程如图 3-32 所示。

（1）可崩性模糊综合评判。在解析可崩性概念、可崩性评判以及可崩性影响因素均具有模糊性的基础上，采用模糊数学原理、岩石工程系统理论，建立了可崩性模糊评判矩阵和交互作用矩阵，提出了综合影响因素及其相互作用关系的可崩性模糊综合评判方法。可崩性模糊综合评判的具体方法如图 3-32 所示：首先在国内外可崩性研究成果的基础上，确定可崩性影响因素指标包括岩石点荷载强度 $I_{s(50)}$、岩石质量指标 RQD、节理粗糙度 J_r、节理张开度 J_a、充填物 J_f、节理方向 J_o、水 W_u、点荷载强度与地应力比值 I_{ss}；接着通过隶属函数确定各定量指标的隶属度，通过若干测量人员对定性指标评判的频数确定各定性指标的隶属度，并建立可崩性模糊评判矩阵；然后采用岩石工程系统理论（可崩性交互作用矩阵）确定可崩性影响因素间的相互作用关系及权重；最后通过模糊线性变化和加权平均方法确定可崩性模糊评判 FCA 值。采用可崩性模糊综合评判方法，对矿山的钻孔岩芯进行了可崩性评判，实现了可崩性评判在钻孔垂直方向上的连续分布，获得了不同位置处各种岩性的可崩性级别。评判结果表明，矿床的可崩性级别包含极易崩至难崩四个等级，且以易崩和可崩为主。

（2）可崩性空间分布模型的构建。针对可崩性评判指标值在空间内非连续性所导致的可崩性评判结果表征局部岩体的现状，采用地质统计学方法和块体模型构建可崩性空间分布模型，建模流程图如图 3-32 所示。具体步骤为：第一步，基于可崩性评判数据进行地质统计学的基本假设，若满足则进行下一步，否则需要进行数据变换或消除不满足的原因；第二步，对可崩性进行结构性分析，获得结构性参数；第三步，根据可崩性数据特征，确定三维空间插值方法（克里金法）；第四步，通过交叉验证的方法验证插值方法和结构性分析的正确性，若不满足交叉验证重复第三、四步直到满足；第五步，以块体模型作为可崩性数据的载体，可崩性评判数据为数据源，结构性参数为插值时搜索数据样点的范围限制条件，采用克里金法完成三维空间插值并赋值于相对应的块体模型中，从而构建了可崩性空间分布模型。模型显示矿体的可崩性模糊综合评判值随空间位置而发生相邻级别变化，变化幅度不大，有利于对自然崩落进程与崩落块度控制。而矿体的可崩性以可崩和易崩为主，局部出现少量难崩矿体。

（3）崩落水力半径的预测。借助 Laubscher 崩落图和 Mathews 稳定图并综合分析其适用条件，建立了可崩性模糊综合评判值与崩落水力半径间的关系，预测岩体自然崩落的拉底尺寸。

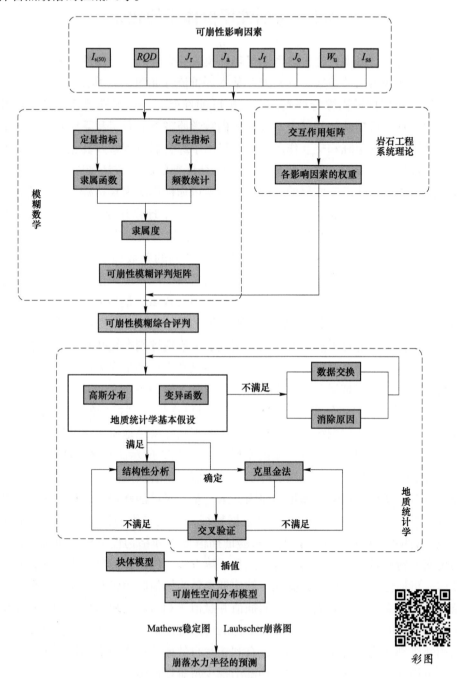

图 3-32　可崩性评价体系流程图

4

自然崩落块度

思政小课堂

　　提升生态系统多样性、稳定性、持续性。以国家重点生态功能区、生态保护红线、自然保护地等为重点，加快实施重要生态系统保护和修复重大工程。推进以国家公园为主体的自然保护地体系建设。实施生物多样性保护重大工程。科学开展大规模国土绿化行动。深化集体林权制度改革。推行草原森林河流湖泊湿地休养生息，实施好长江十年禁渔，健全耕地休耕轮作制度。建立生态产品价值实现机制，完善生态保护补偿制度。加强生物安全管理，防治外来物种侵害。

　　自然崩落法作业的成功和取得盈利以及开采效率,很大程度上取决于崩落矿石到达放矿口时的块度。采矿工程中与块度有关的参数包括:放矿点尺寸和间距、设备选择、放矿控制、生产能力、卡斗大块二次爆破量及爆破引起的巷道破坏和相应的作业成本等。因此研究崩落块度预测与控制方法是扩大自然崩落法应用范围的重要途径之一。

　　研究崩落块度预测与控制方法需理解自然崩落法回采过程中崩落块度的破碎过程,即岩体本身的破碎程度(原始块度)、岩体发生自然崩落后岩块的初次破碎(对应初次破碎块度)以及岩块在散体内及放矿过程中的二次破碎(对应二次破碎块度)[77]。原始块度指采矿活动发生之前由结构面切割所形成的块度。初次破碎块度指从矿体上自然崩落下来的矿石块度,受原始块度、崩落过程等因素的影响。二次破碎块度指在散体内并通过放矿下落至放矿口的矿石块度,破碎过程发生在崩落的矿石内及其放出的过程中。目前,预测崩落块度的方法以基于工程经验的预测和基于节理特征及节理网络的预测为主。这些预测方法的建立是根据节理空间展布状态及节理产状参数的统计规律,采用一定的数学方法模拟节理网络,然后结合自然崩落法相关知识或工程经验进行修正,从而预测崩落块度的分布情况。因此崩落块度是统计意义上的块度分布且以原始块度为主,并不是对某一区域内崩落块度的预测,预测结果有一定的局限性。

4.1 崩落块度的控制方法

自然崩落法中控制崩落块度的主要目的是降低大块率，从而提高开采效率、降低卡斗大块二次爆破量及爆破引起的巷道破坏和相应的作业成本等。而研究崩落块度控制方法是扩大自然崩落法应用范围的重要途径之一。本节针对矿山开采初期存在崩落块度较大的问题，基于自然崩落块度的研究内容，提出崩落块度的控制方法。

由自然崩落块度的研究内容可知，崩落块度中可控制的是初次破碎块度和二次破碎块度。第一，根据崩落块度中的初次破碎块度研究内容可知，提高岩体降落高度可降低初次破碎块度中的大块率，但可能会形成冲击气浪，对井下设备和人员安全造成极大的威胁。第二，根据崩落块度中的二次破碎块度研究内容可知，对于特定性质的矿岩散体，可调控的是岩块在散体中的移动距离、岩块上覆散体的高度和单位时间内矿石的放出量，但放矿量通常是基于矿体崩落速度和允许放矿速度之间的关系确定，放矿速度略小于或等于崩落速度[3]，因此以调控岩块上覆散体的高度以及岩块在散体中的移动距离为主，从而增加岩块在散体中的二次破碎作用。综上所述，崩落块度控制方法应该是：通过改进拉底高度与形状，增加初始爆破范围和大块岩块在散体中的二次破碎程度，达到降低矿石大块率的目的。

改进拉底高度与形状的主要作用是：（1）增大拉底工程的爆破范围，爆破范围的增加会增加崩落岩块在初始爆破散体中的移动距离，移动距离的增加即可增加岩块上覆散体的高度（高度的增加会使散体中的岩块所受压应力达到峰值应力，从而使大块岩块内部的微小显节理充分扩张）并会增加岩块间相互挤压摩擦作用，然后在剪切力（由放矿过程中的散体移动场所形成）作用下促使大块岩块沿着内部裂纹分离成小块度的岩块，减小大块率；（2）增加采动压力作用范围和作用时间，可保证岩体沿已存在的节理面充分断裂，有利于岩体的自然崩落或大块率的减小。

为增大拉底工程的爆破范围、增加初始矿石散体层的高度以及增加岩块在初始爆破散体中的移动距离，在标准拉底方法的基础上，如图 4-1（a）所示，提出扇形炮孔拉底［见图 4-1（b）］和双层扇形炮孔拉底方法［见图 4-1（c）］。具体方法为：根据拉底巷道揭露矿体的节理裂隙发育程度及原始块度的大块率确定拉底方式。当节理裂隙发育或大块率较小时，采用图 4-1（a）所示的标准拉底方式；当矿体节理裂隙中等发育或大块率中等时，拉底方法采用图 4-1（b）所示

的扇形炮孔拉底方法；当矿体节理裂隙不发育或大块率较大时，采用图 4-1（c）
所示的双层扇形炮孔拉底方法，增加一层拉底巷道，在改善拉底空间顶板围岩应
力状态的同时，利用两个分段的放矿进一步降低大块率，保障自然崩落法的顺利
生产。

　　在改进拉底方法的基础上，需进行放矿量的控制。在矿山开采初期，控制放
矿量的主要目的是：一方面是保证自然崩落岩块在散体中足够的移动距离从而降
低大块率；另一方面是保证放矿口上方足够厚度的矿石散体覆盖层，防止大面积
矿体突然崩落形成冲击气浪，对井下设备和人员安全造成威胁。放矿量控制是基
于矿体崩落速度和允许放矿速度之间的关系确定，使放矿速度略小于或等于崩落

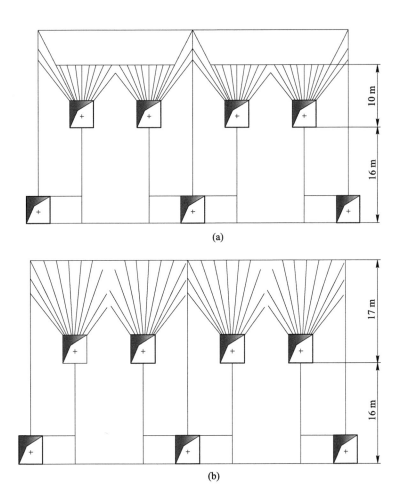

(a)

(b)

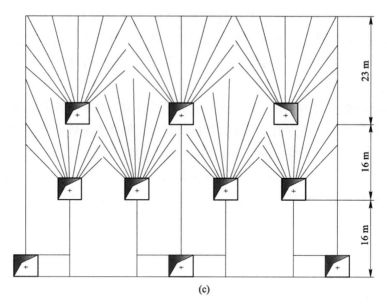

(c)

图 4-1　拉底策略

（a）标准拉底方法；（b）扇形炮孔拉底方法；
（c）双层扇形炮孔拉底方法

彩图

速度[3]。总体原则为待崩落矿体自然崩落后能够充满采场，即：

$$V_{空} + V_{崩} = V_{崩}(1 + B)$$

$$V_{空} = V_{崩} B \tag{4-1}$$

式中　$V_{崩}$——待崩落矿体体积，m^3；

　　　$V_{空}$——待崩落矿体与已存在矿石散体间的空区体积，m^3；

　　　B——松散系数。

4.2 崩落块度预测软件

为增强崩落块度预测实用性，开发了崩落块度预测软件。主要目的是将崩落块度的研究内容（基于数字图像处理的原始块度预测、基于分形理论的初次破碎块度预测、大块岩块在散体内的二次破碎以及崩落块度的控制方法）与计算机技术相结合，便于工程应用。

MATLAB 是一款科学计算软件，用于算法开发、数据可视化、数据分析及数值分析的高级技术计算语言和交互式环境。在图形用户界面（GUI）设计领域，MATLAB 同样有着强大的设计能力。MATLAB 将所有 GUI 支持的用户控件都集成在一个环境中并提供界面外观、属性和行为响应方式的设置方法。本节将借助 MATLAB GUI 平台开发崩落块度预测软件，实现对原始块度的预测、初次破碎块度的预测以及岩块二次破碎定性分析的需求，便于矿山确定出满足生产（崩落块度）要求的拉底方法。

4.2.1 系统结构

崩落块度预测软件总体上分为原始块度模块、初次破碎模块和二次破碎模块三大功能模块，三大功能模块分别实现对原始块度预测、初次破碎块度预测以及对岩块二次破碎定性分析的需求。其中原始块度模块又包含岩芯图像的几何变换、节理特征提取、节理网络及岩块识别、原始块度统计四部分。系统的总结构如图 4-2 所示，其中系统的总界面如图 4-3（a）所示，原始块度的总界面如图 4-3（b）所示。

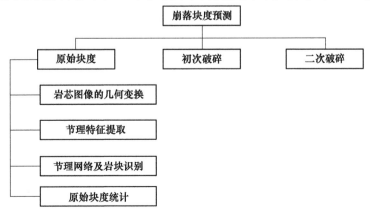

图 4-2 系统结构

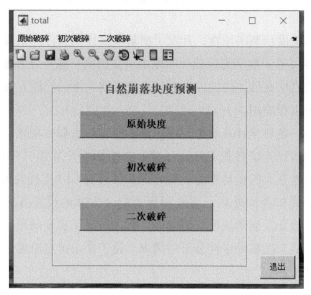

(a)

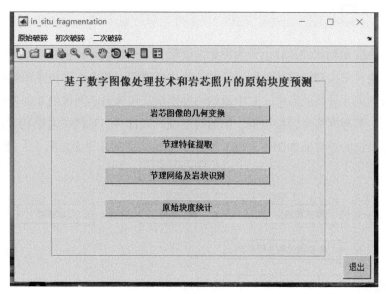

(b)

图 4-3 界面设计

（a）系统总界面；（b）原始块度的总界面

彩图

4.2.2 数据结构

数据结构是对数据的组织，体现了数据之间的相互关系。图4-4是崩落块度预测软件的上下文图，用来确定全局的系统边界，表示数据流的源端和目的端。系统处理和分析的数据包括图像数据、节理数据以及块度数据，图4-5是系统的数据流图。其中，原始模块的作用是将岩芯照片转为数字图像，并对数字图像进行处理分析，输出原始块度数据。初次破碎模块的作用基于原始块度数据获得初次破碎块度数据。二次破碎模块的作用是结合二次破碎作用和拉底工程对块度数据进行处理分析，获得大块率值、二次破碎最小岩块尺寸及大块岩块破碎比等数据。

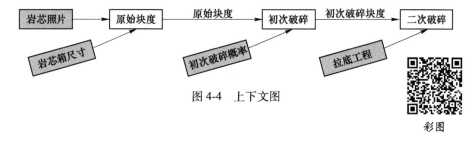

图 4-4 上下文图

彩图

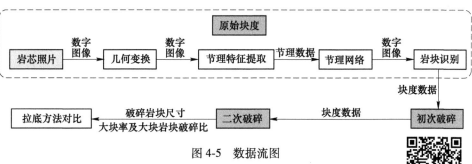

图 4-5 数据流图

彩图

如图4-4和图4-5所示，总体而言系统输入的主要数据包括岩芯照片、岩芯箱尺寸、初次破碎概率值以及拉底工程（确定岩块上覆散体的厚度）等，系统输出的数据主要有节理特征数据、原始块度预测数据、初次破碎块度预测数据、大块率、二次破碎最小岩块尺寸及大块岩块破碎比等。

4.2.3　功能模块

崩落块度预测软件包含原始块度、初次破碎块度和二次破碎三大功能模块，每个模块又包含一些小模块，实现各自的功能。

4.2.3.1　原始块度模块

原始块度模块的主要作用是将岩芯照片转为数字图像，并对数字图像进行处理分析，输出原始块度数据。该模块又包含岩芯图像的几何变换、节理特征提取、节理网络及岩块识别、原始块度统计四个模块。

岩芯图像几何变换模块的界面如图 4-6 所示，分为图像显示区和图像操作区两部分，图像操作区又包含图像显示、操作项和参数区。具体功能包括岩芯照片的加载、图像剪切变换、图像旋转变换、图像投影变换、图像缩放变换、各种几何变换图像的显示和保存、数字图像数据的保存等功能。

节理特征提取模块的界面如图 4-7 所示，分为图形显示区、图像操作区和数据显示区三部分，具体功能包括图像加载、节理描绘、节理信息数据和操作数据的显示及保存、图像的显示和保存等功能。

节理网络及岩块识别模块的界面如图 4-8 所示，分为节理绘制和岩块识别两部分，每部分又包含图像显示和操作项部分。具体功能包括图像加载、绘制节理、岩块识别、岩块数据的保存、图像的显示和保存等功能。

原始块度统计模块的界面如图 4-9 所示，包含图像显示和操作项两部分。具体功能包括数据加载、块度数据统计分析（块度和形状）、块度数据的显示和数据拟合、拟合结果的显示、岩块数据的保存、图像的显示和保存等功能。

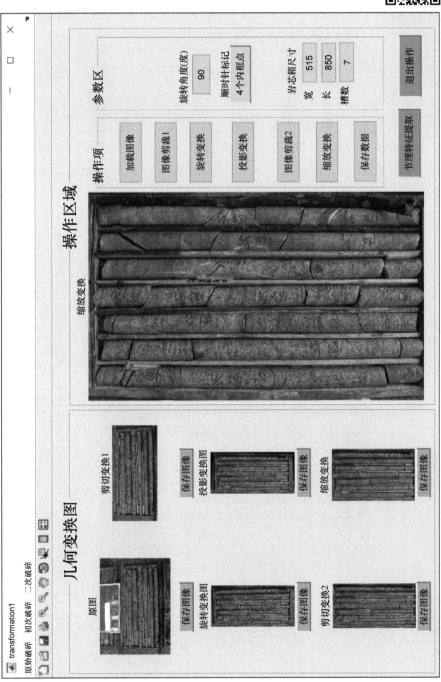

图 4-6 岩芯图像几何变换模块的界面

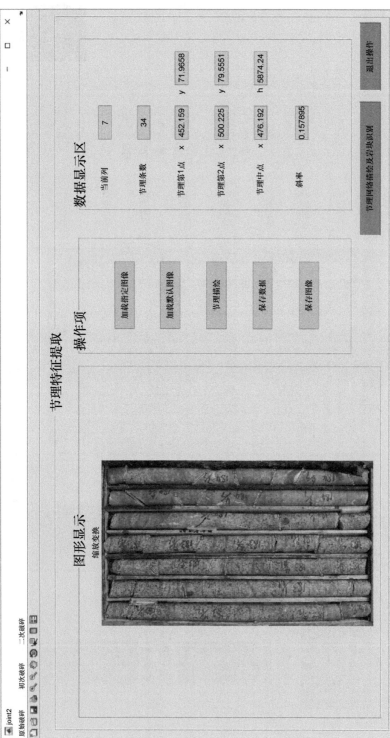

图 4-7　节理特征提取模块的界面

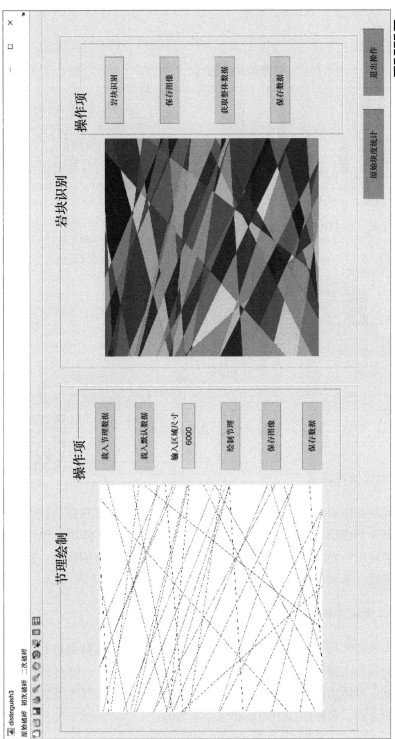

图 4-8 节理网络及岩块识别模块的界面

彩图

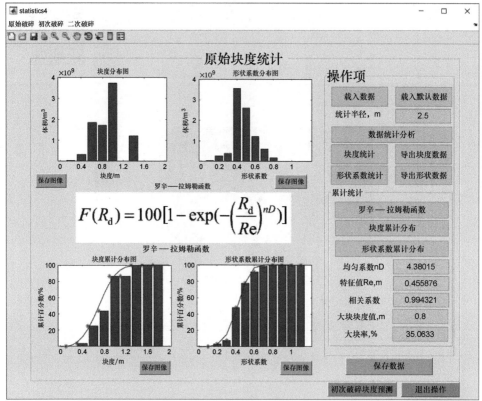

图 4-9　原始块度统计模块的界面

彩图

4.2.3.2　初次破碎模块

初次破碎模块的作用是基于原始块度数据获得初次破碎块度数据。初次破碎模块的界面如图 4-10 所示，包含图像显示和操作项两部分。具体功能包括原始块度分布曲线的显示、初次破碎块度数据的计算及显示、大块率的统计、数据的保存、各种图像的显示和保存等功能。

4.2.3.3　二次破碎模块

二次破碎模块的作用是结合二次破碎作用和拉底工程对块度数据进行处理分析，指导拉底工程的实施。二次破碎模块的界面如图 4-11 所示，包含图像显示和操作项两部分。具体功能包括数据的载入、二次破碎最小岩块尺寸及大块岩块破碎比等数据的计算、各种图像的显示和保存等功能。

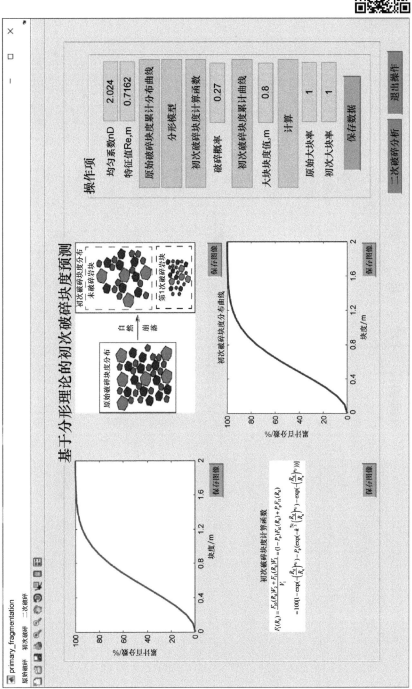

图 4-10 初次破碎模块的界面

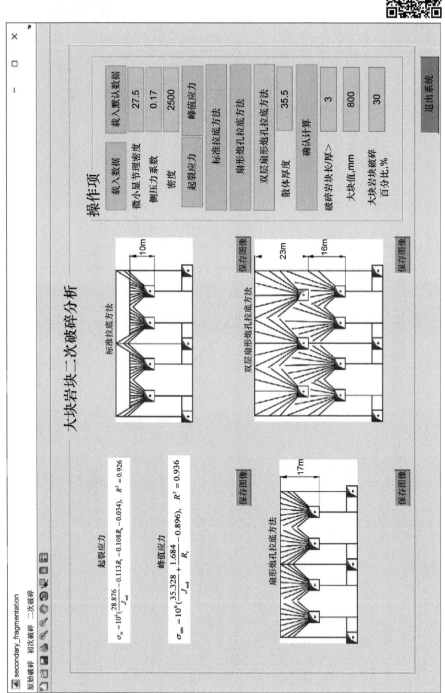

图 4-11　二次破碎模块的界面

彩图

崩落块度预测软件的开发，增强了崩落块度研究内容的实用性和便捷性，便于矿山工作人员的使用和拉底工程的实施。

利用已保存的岩芯照片，应用崩落块度预测软件，预测矿山开采初期原始块度的大块率（大于 1.2 m）为 2.17%~13.30%，总体上大块率为 5.86%。预测初次破碎块度的大块率（大于 1.2 m）为 1.62%~10.97%，总体上大块率为 4.54%。采用标准拉底时大块岩块的长厚比大于 8.6 时达到峰值应力，此时矿山约有 18.0% 的大块岩块发生二次破碎；采用扇形炮孔拉底时大块岩块的长厚比大于 4.7 时达到峰值应力，矿山约有 48.9% 的大块岩块发生二次破碎；当采用双层扇形炮孔拉底时大块岩块的长厚比大于 2.1 时达到峰值应力，矿山约有 98.2% 的大块岩块发生二次破碎。扇形炮孔和双层扇形炮孔拉底方法可以有效降低矿石的大块率，解决了部分矿体初始崩落块度较大的问题，实现了对崩落块度的控制。

5

自然崩落法分区
开采方案

思政小课堂

　　积极稳妥推进碳达峰碳中和。实现碳达峰碳中和是一场广泛而深刻的经济社会系统性变革。立足我国能源资源禀赋，坚持先立后破，有计划分步骤实施碳达峰行动。完善能源消耗总量和强度调控，重点控制化石能源消费，逐步转向碳排放总量和强度"双控"制度。推动能源清洁低碳高效利用，推进工业、建筑、交通等领域清洁低碳转型。深入推进能源革命，加强煤炭清洁高效利用，加大油气资源勘探开发和增储上产力度，加快规划建设新型能源体系，统筹水电开发和生态保护，积极安全有序发展核电，加强能源产供储销体系建设，确保能源安全。完善碳排放统计核算制度，健全碳排放权市场交易制度。提升生态系统碳汇能力。积极参与应对气候变化全球治理。

根据可崩性评价和矿山地质条件可知，所研究矿体适合采用自然崩落法开采。其中有利的开采条件是矿体规模大，不利的条件是矿体形态比较复杂，厚度与倾角变化大，部分区域矿体的可崩性差异大。因此为适应矿体的多态变化、可崩性的差异化以及满足产量需求，需实现自然崩落法的分区开采。结合矿床条件对矿体进行分区，运用"三律"（岩体冒落规律、散体移动规律与地压活动规律）适应性高效开采理论，针对每个分区矿体的条件和可崩性空间分布特征，提出自然崩落法分区开采方案。

5.1　分区开采方案

如图 5-1 所示，矿体基本为隐伏矿体，局部出露地表，最高出露标高 561 m，最低见矿标高−345 m。矿体规模巨大，长约 2885 m，宽约 1000 m，展布面积约 2.14 km²。矿体空间形态总体上呈马鞍状向外侧展布，中部矿体平缓，向北西和南东边矿体产状较陡，倾角主要为 50°~60°；北东边矿体产状逐步变缓，倾角小于 40°；南西边矿体近似水平。因此首先需针对矿体的空间形态特征进行分区，然后根据每个分区矿体的条件以及结合该分区的可崩性分布特征研究自然崩落法分区开采方案。

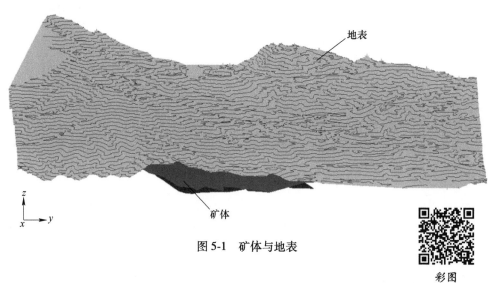

图 5-1　矿体与地表

彩图

5.1.1　分区方案

分区的方法如下。

（1）在地质剖面图上，根据矿体形态、矿体底板位置及拉底工程对矿体待崩落范围的控制程度、可崩性的空间分布特征等，确定底部采准工程的位置。部分主要采准工程位置如图 5-2 所示。

（2）在确定采准工程位置后，将底部结构接近于同一水平的区域连在一起，构成一个分区；同时，将矿体底板标高变化大的部位也连在一起，作为特殊采区，分区结果如图 5-3 所示。

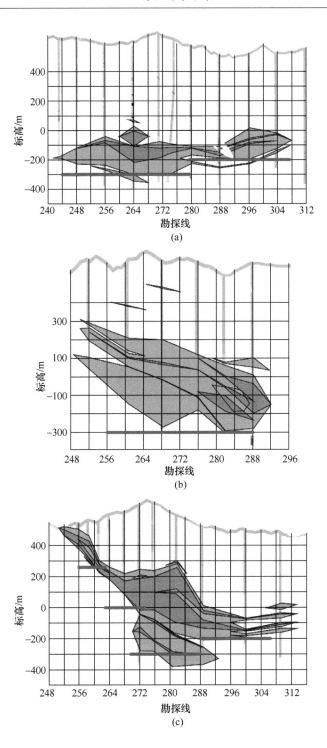

(a)

(b)

(c)

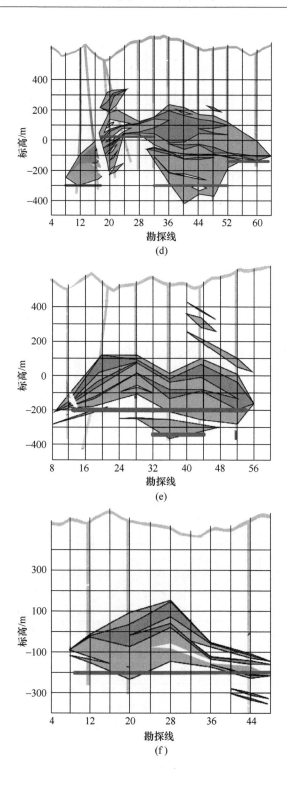

(d)

(e)

(f)

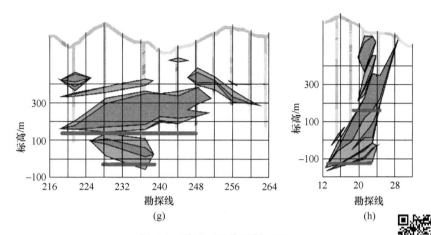

图 5-2 采准工程位置剖面图

（a）12 号勘探线剖面图；（b）52 号勘探线剖面图；（c）36 号勘探线剖面图；

（d）276 号勘探线剖面图；（e）288 号勘探线剖面图；（f）304 号勘探线剖面图；

（g）24 勘探线剖面图；（h）240 号勘探线剖面图

彩图

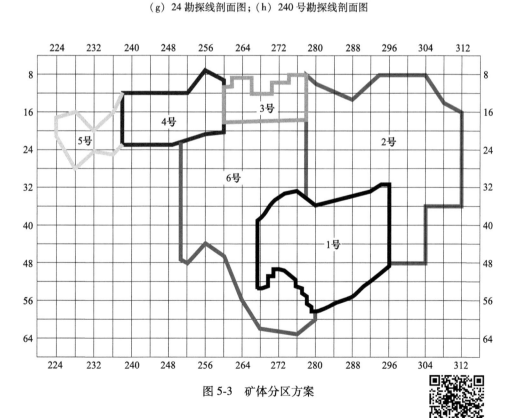

图 5-3 矿体分区方案

彩图

结合图 5-2、图 5-3 以及矿体形态，分别确定出每个分区矿体的形态、分区面积、矿体厚度、矿体顶板埋深、出矿水平位置以及分区矿量，这些参数值将作为后续采矿方法设计的基本条件，结果见表 5-1。

表 5-1 分区矿体条件

序号	矿体形态	分区面积/m²	矿体厚度/m	矿体顶板埋深/m	出矿水平/m	分区矿量/万吨
1	微倾斜层状	261674	435~508	298~446	-232	44207.8
2	缓倾斜层状	523438	205~324	404~435	-200 附近	36438.0
3	急倾斜块状	91448	148~178	293~534	-300	8183.6
4	急倾斜层状	156791	136~300	46~386	-200	12521.3
5	急倾斜不规则	71535	36~134	263~496	+200, 0, -200	3207.2
6	复杂形态	497438	47~300	5~534	510~24	14022.3

5.1.2 可崩性的分区特征

矿体分区后需确定每个分区的可崩性分布特征，从而结合矿体条件进行自然崩落法开采方案的研究。首先以图 5-3 中的矿体分区方案为水平边界，以每个分区出矿水平位置为底部边界，以分区矿体最大厚度处为顶部边界，确定的分区边界，如图 5-4 所示。其中当出矿水平不在同一位置时（如图 5-3 中 5 号和 6 号分区），以位于最低出矿水平位置为底部边界，从该水平位置到该分区矿体最大垂直厚度处为顶部边界。

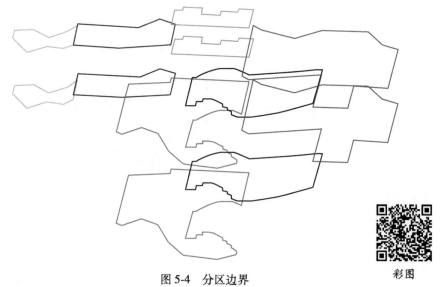

图 5-4 分区边界   彩图

然后以图5-4所示的分区边界切割构建的可崩性空间分布模型，确定出每个分区的可崩性分布如图5-5所示。由图5-5可知，每个分区矿体的可崩性均以易崩和可崩为主，如图5-5中3号和6号分区局部出现少量难崩矿体，每个分区均未出现极难崩矿体。

图5-5 可崩性的分区特征

彩图

5.1.3 "三律"特性分析

5.1.3.1 散体流动特性分析

由实验测定散体流动参数。采用达孔量法，利用放矿实验模型测定散体达孔量场，按达孔量等值面圈定放出体形态，按放出体方程回归出散体流动参数。

实验模型如图5-6（a）所示，内部尺寸：长×宽＝40 cm×40 cm，高100 cm；模型内壁每隔5 cm划一水平刻度，用以确定标志颗粒摆放的层面位置；模型底部与侧壁各开凿一个放矿口，前者用于测定底部放矿时的散体流动参数，后者用于测定端部放矿时的散体流动参数；模型中央悬吊一重锤，锤尖正对底部出矿口中心，用来检查模型是否处于水平状态，同时也用于定位底部出矿口的轴线。

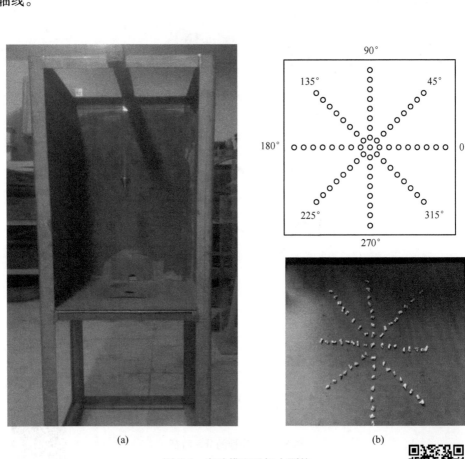

(a)   (b)

图 5-6　实验模型及标志颗粒

（a）实验模型；（b）标志颗粒

彩图

　　选取钻孔 ZK232-22、ZK28-308、ZK236-22 中的部分铜钼矿石岩芯，破碎成粒径小于 0.8 cm 的散体。在试验模型里，每装填 5 cm 高散体（刻度线位置），放置一层标志颗粒，标志颗粒摆放位置如图 5-6（b）所示。摆放中，借助重锤与标志颗粒定位片固定每一颗粒位置。模型装好后，从底部出矿口放出散体，并记录放出每一个标志颗粒的编码与当次放出量。累计每一个标志颗粒的达孔量值，据此绘出达孔量曲线，如图 5-7 所示。按达孔量的等值线确定出放出体形态，如图 5-8 所示。

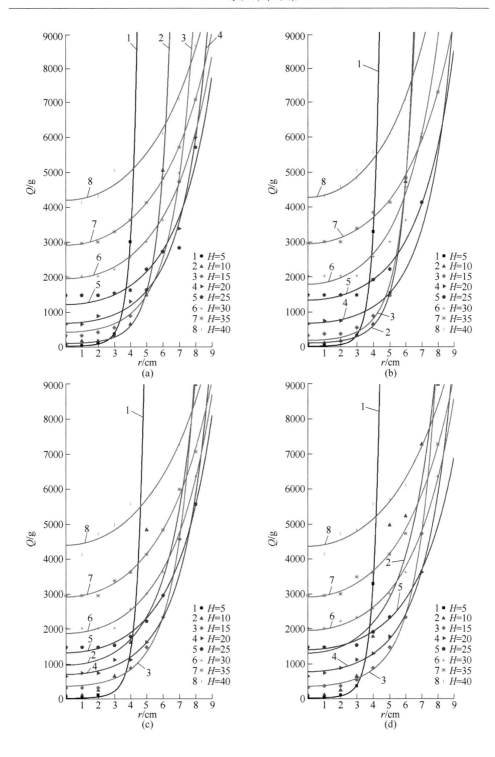

(a)

(b)

(c)

(d)

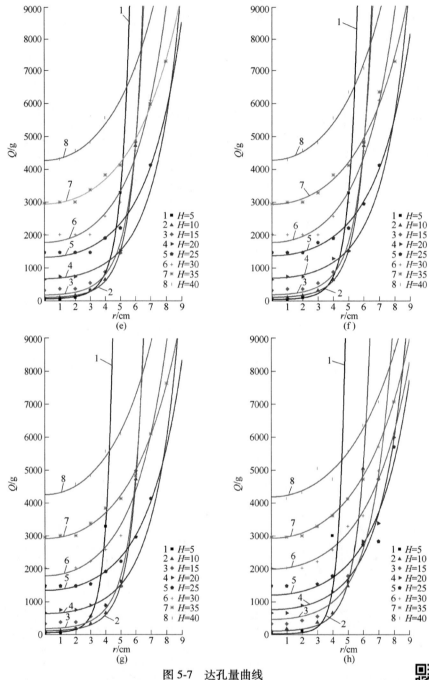

图 5-7　达孔量曲线

（a）0°达孔量实验曲线；（b）45°达孔量实验曲线；（c）90°达孔量实验曲线；

（d）135°达孔量实验曲线；（e）180°达孔量实验曲线；（f）225°达孔量实验曲线；

（g）270°达孔量实验曲线；（h）315°达孔量实验曲线

彩图

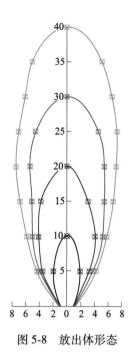

图 5-8　放出体形态

彩图

根据随机介质放矿理论，放出体方程[157]为：

$$r^2 = (\alpha + 1)\beta z^{\alpha}\ln\frac{H}{z} \tag{5-1}$$

式中　　α，β——散体流动参数（与散体的性质和放出条件有关的参数）；

　　　　H——放出体高度，cm；

　　　r，z——坐标值，cm。

用式（5-1）对图 5-8 所示的放出体回归拟合，得散体流动参数 $\alpha = 1.5614$，$\beta = 0.2650$。

α 与 β 的物理意义，可从它们对放出体形态的影响上进行分析。对式（5-1）进行数学分析可知，β 影响放出体的总体宽度，α 决定放出体上部与下部的相对形态。当 $\alpha < 1/\ln2$ 时，放出体下部较粗上部较细；当 $\alpha > 1/\ln2$ 时，放出体上部粗下部较细；当 $\alpha = 1/\ln2$ 时，放出体最宽部位在其中部。本次实验得出的 α 值 $1.5614 > 1/\ln2 = 1.4427$，对应的放出体下部较窄，上部较宽。

为进一步描述放出体的形态特征，可考察放出体最宽部位所在位置的相对高度。设放出体最宽部位所在高度为 h_d，则在 $z = h_d$ 处放出体曲面法线斜率为零。对式（5-1）求导，令 $dr/dz = 0$，可得，放出体最宽位置的高度与放出体高度的比值为：

$$\frac{H}{h_{d}} = e^{\frac{1}{\alpha}} \tag{5-2}$$

将 $\alpha = 1.5614$ 代入式 (5-2) 计算可得，$h_{d}/H = 0.53$。即放出体最宽部位的相对高度略有上移，表明散体流动性良好。

5.1.3.2　矿体冒落特性

自然崩落法利用拉底空间（形成采空区）控制采场上覆岩体自然崩落（冒落），因此分区尺寸需保证该分区拉底工程实施后，矿体能够冒落。1 号采区矿体水平面积 261674 m²，周长 2639 m，水力半径为 99.16 m。2 号采区矿体水平面积 523438 m²，周长 4472 m，水力半径为 117.05 m。3 号采区矿体水平面积 91448 m²，周长 1520 m，水力半径为 60.16 m。4 号采区矿体水平面积 156791 m²，周长 1740 m，水力半径为 90.11 m。5 号采区矿体水平面积 71535 m²，周长 1354 m，水力半径为 52.83 m。6 号采区矿体水平面积 497438 m²，周长 4135 m，水力半径为 120.30 m。

由每个分区的可崩性特征（见图 5-5）可知，总体上矿体的可崩性均以易崩和可崩为主，且由式 (3-32) ~ 式 (3-34) 可知矿体发生自然崩落的拉底水力半径为 11~56 m。则 1 号采区、2 号采区、4 号采区和 6 号采区的水力半径远大于发生自然崩落的拉底水力半径，表明这些采区均在崩落区内。3 号采区和 5 号采区可能会存在崩落水力半径不足的问题，需要开掘切帮工程或利用高压水预裂法促使矿体自然崩落。总体上，矿体具有良好的可冒性。

5.1.3.3　地压活动特性

由结构面调查可知，矿区断裂构造发育，经历了不同地质年代的构造运动，随之地应力场发生了多次变化。现今的地应力场，根据矿山所提供的测定结果，地应力以水平应力为主，垂直应力基本接近于上覆岩体自重应力，侧压系数在 1.620~1.761 范围内变化。

较大的侧压力系数，标志着首采矿段的采准工程将承受较大的构造应力。为控制构造应力危险源致灾过程，首采区应采取适应巷道变形能力较强的支护措施，并需加强二次支护。随着首采区矿体的自然崩落，受回采与崩落空区的卸压作用，构造应力将逐渐消失。为尽早消除构造应力影响，首采区域宜设置在标高较低的位置。

5.1.4 分区开采方案

由表 5-1 和图 5-5 所示的矿体条件和可崩性分布特征，需采取分区开采方案。开采方案如图 5-9 所示。

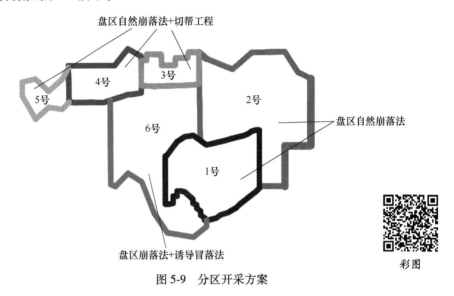

图 5-9 分区开采方案

其中 1 号和 2 号分区矿体规模大，水平面积大，矿体厚度大，矿体形态呈微倾斜层状或缓倾斜层状，且可崩性以易崩和可崩为主，采用盘区自然崩落法开采，如图 5-10 所示；3 号和 4 号分区为急倾斜块状或层状矿体，矿体铅直厚度大，但水平厚度较小，可崩性以易崩和可崩为主，局部出现难崩矿体，采用盘区自然崩落法开采，如图 5-10 所示，且在难崩矿体部位需要开掘切帮工程，控制矿体自然崩落；5 号分区为急倾斜不规则矿体，矿体中位处的连续性发生突变，需分上、下两段应用盘区自然崩落法开采，且因矿体水平厚度较小，可崩性以易崩和可崩为主，大部分矿段需要开掘切帮工程促使矿体自然崩落；6 号分区矿体形态复杂，矿体铅直厚度变化大，底板高度变化大，可崩性差异大，而且在矿体内含厚层夹石，生产中应进一步探清矿体形态，采用诱导冒落法（见图 5-11）与自然崩落法联合开采。

从生产可靠性分析，矿山宜分成两期开采：一期开采难度较小、采准系数较低的 1 号、2 号分区矿体，积累经验；二期开采控制难度较大的 3 号~6 号分区矿体。

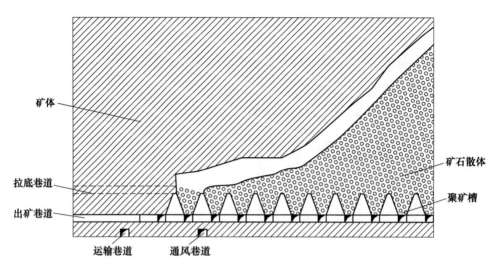

图 5-10　盘区自然崩落法

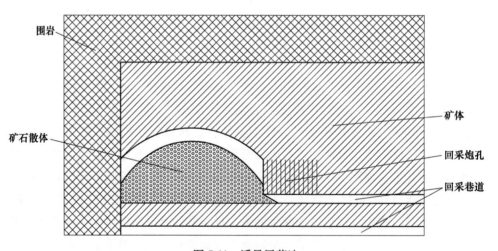

图 5-11　诱导冒落法

5.2 首采区开采方案

首采区选择的原则：一是矿体开采条件好，水平投影面积大、厚度大，采准系数较低，经济效益较好，以便快速回收开拓投资；二是能够快速卸掉矿床水平构造应力，克服矿床水平应力大的不利影响，便于采场地压管理；三是若个别采场底部结构遭受地压破坏，便于在其下部布置底部结构工程，回收存于采场内的矿石。

按上述原则，选择 1 号分区为首采区，如图 5-3 所示，该分区拉底水平适合布置于-216 m 水平，出矿水平布置在-232 m 水平，其底部结构位置较低，便于利用采区卸掉构造应力。此外，据矿山地质专家介绍，矿体上部含破碎带，下部完整性较好，将首采区选择在采准工程位置较低的部位，有利于避免不利工程地质条件的影响。

首采区的矿体形态呈微倾斜层状，矿体铅直厚度为 435~508 m，分区矿量为 44207.8 万吨，使用盘区自然崩落法开采，采矿工艺简单，采准系数小，开采成本低。此外，在-232 m 以下存在低品位矿体，便于布置底部结构回收采场残留矿石。

5.2.1 拉底水平

拉底方法的确定，需根据预测的原始块度的大块率，预测矿山首采区开采初期原始块度的大块率为 2.17%~13.30%，总体上大块率为 5.86%。掘进拉底水平的成本、卡斗大块二次爆破量成本及爆破引起的巷道破坏和相应的作业成本、劳动生产率等进行综合确定。

将图 4-1 中 3 种拉底进行对比，以图 4-1（a）所示的标准拉底方法为基准，图 4-1（b）所示的扇形炮孔拉底方法中每个采场每排炮孔增大炮孔长度约 85 m，每一步距爆破面积从 137.5 m² 增大到 313.7 m²；图 4-1（c）所示的双层扇形炮拉底方法中每个采场每排炮孔增大炮孔长度约 333 m，每一步距爆破面积从 137.5 m² 增大到 971.5 m²，此外增大采准工程量约 30%。结合块度预测结果，矿山总体上适合采用图 4-1（b）所示的扇形炮孔拉底方法，当遇到节理裂隙发育或预测大块率较小时可采用图 4-1（a）所示的标准拉底方法来降低开采成本，当遇到矿体节理裂隙不发育或大块率较大时，采用图 4-1（c）所示的双层扇形炮孔拉底方式来降低大块率。

　　由于矿山以水平应力为主,适合采用前进式拉底方式,拉底水平设在出矿水平之上 16 m,一般拉底超前 20~30 m 为宜,可卸掉聚矿巷压力。在两条出矿巷道之间的上方布置两条平行的拉底巷道,拉底巷道间距为 13~17 m。

5.2.2　出矿水平

　　矿区最大主应力方向在 318.9°~347.7°范围内,因此采用垂直走向布置出矿巷道,以此降低最大主应力影响。同时为达到产量需求,出矿设备使用铲运机。通常使用铲运机的底部结构工程布置形式如图 5-12 所示。其中,出矿巷道间距为 30 m,出矿巷道与穿脉巷道成 50°角掘进出矿进路。出矿进路采用分支鲱骨式布置,从聚矿巷两端铲运矿石,聚矿巷间距 15 m,该布置形式不仅可满足铲运机运行要求,而且巷道暴露面积相对较小有利于提高底部结构的稳定性。

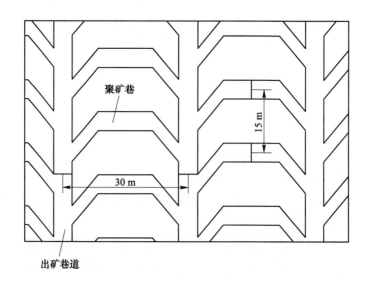

图 5-12　底部结构平面布置图

　　在出矿底部结构确定的基础上,首采区出矿水平的布置如图 5-13 所示。在图 5-13 中,一个完整采场的长度为 105 m,宽度为 30 m,首采区可布置 80 多个采场,1000 余个出矿口,通过合理安排回采顺序,均匀而快速扩展拉底面积,可快速形成 5 万吨/天的采场出矿能力。

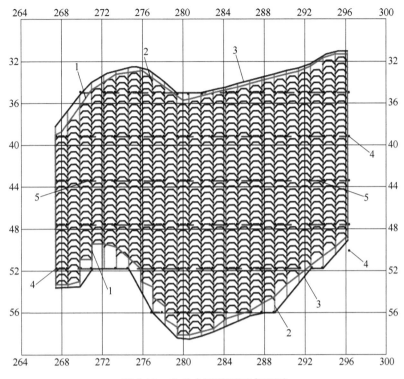

图 5-13   出矿水平的平面布置图

1—首采区边界；2—出矿巷道；3—出矿联道；4—采场溜井；5—运输巷道轴线投影线

彩图

参 考 文 献

[1] 陈建平，张莹，王江霞，等．中国铜矿现状及潜力分析 ［J］．地质学刊，2013，37（3）：358-365.

[2] 邓会娟，季根源，易锦俊，等．中国铜矿资源现状及国家级铜矿床实物地质资料筛选 ［J］．中国矿业，2016，25（2）：146-152.

[3] 于润沧．采矿工程师手册 ［M］．北京：冶金工业出版社，2013.

[4] 袁海平，曹平．我国自然崩落法发展现状与应用展望 ［J］．金属矿山，2004（8）：25-28.

[5] 唐业茂，曾晓文．自然崩落采矿法技术应用探讨 ［J］．有色金属（矿山部分），2010（3）：9-10，22.

[6] Someehneshin J，Oraee-Mirzamani B，Oraee K．Analytical model determining the optimal block size in the block caving mining method ［J］．Indian Geotechnical Journal，2015，45（2）：156-168.

[7] Brown E T．Block Caving Geomechanics ［M］．Queensland：Julius Kruttschnitt Mineral Research Center，2003.

[8] 莱芜铁矿生产技术科．莱芜铁矿分段自然崩落法的试验 ［J］．黑色金属矿山，1966（3）：38-42.

[9] 吴从根．武钢金山店铁矿自然崩落法试验研究 ［J］．长沙矿山研究院季刊，1987（2）：1-12.

[10] 陈玉辉．无底柱自然崩落法在镜铁山铁矿Ⅰ号破碎矿体中的应用 ［J］．金属矿山，1995（8）：9-11.

[11] 肖国清，刘德茂．自然崩落法的试验研究与应用 ［J］．长沙矿山研究院季刊，1992（S1）：120-129.

[12] 高文德，王文星．丰山铜矿自然崩落法的试验研究 ［J］．矿业研究与开发，2003（1）：9-11.

[13] 孙旭．金川三矿采矿方法探讨 ［J］．采矿技术，2003（3）：12-14.

[14] 李永辉，张新华，张华军．黄山铜镍矿中厚极破碎矿体自然崩落采矿法研究 ［J］．采矿技术，2014，14（2）：1-2.

[15] 刘士奎．自然崩落法在铜矿峪矿的成功实践 ［J］．有色金属（矿山部分），1999（2）：6-10.

[16] 彭张，王平，冯兴隆，等．自然崩落法开采过程中底部结构稳定性规律研究 ［J］．矿冶，2019（3）：33-36，40.

[17] 陈清运，蔡嗣经，明世祥，等．国内自然崩落法可崩性研究与应用现状 ［J］．矿业快报，2005（1）：1-4.

[18] 王少勇，吴爱祥，韩斌，等．自然崩落法矿岩可崩性模糊物元评价方法 ［J］．岩石力学与工程学报，2014，33（6）：1241-1247.

[19] 张志文. 用模糊数学法评价矿体可崩性 [J]. 金属矿山, 1993 (9): 20-23.

[20] 雷学文. 灰色关联分析法在矿体可崩性评价中的应用 [J]. 化工矿山技术, 1995 (1): 23-26.

[21] 朱建新. 自然崩落法矿体可崩性分级研究 [J]. 南方冶金学院学报, 1995 (4): 1-7.

[22] 周传波. 岩体可崩性分类方法的模糊综合评判 [J]. 矿冶工程, 2003 (6): 17-19.

[23] 雷学文, 肖金发. 矿岩可崩性分级的人工神经网络识别 [J]. 金属矿山, 2003 (2): 32-33, 42.

[24] 邓红卫, 周科平, 高峰, 等. 矿岩可崩性的可拓聚类预测研究 [J]. 中国安全科学学报, 2008 (1): 34-39, 177.

[25] Rafiee R, Ataei M, Khalokakaie R, et al. Determination and assessment of parameters influencing rock mass cavability in block caving mines using the probabilistic rock engineering system [J]. Rock Mechanics and Rock Engineering, 2015, 48 (3): 1207-1220.

[26] Rafiee R, Ataei M, Khalokakaie R, et al. A fuzzy rock engineering system to assess rock mass cavability in block caving mines [J]. Neural Computing and Applications, 2015, 27 (7): 2083-2094.

[27] Rafiee R, Ataei M, Khalookakaie R. A new cavability index in block caving mines using fuzzy rock engineering system [J]. International Journal of Rock Mechanics & Mining Sciences, 2015, 77: 68-76.

[28] Rafiee R, Mohammadi S, Ataei M, et al. Application of fuzzy RES and fuzzy DEMATEL in the rock behavioral systems under uncertainty [J]. Geosystem Engineering, 2019, 22 (1): 1-12.

[29] 李志超, 李帆, 郭洪泉, 等. 岩体可崩性分级研究及综合评判 [J]. 湖南有色金属, 2016, 32 (4): 6-9.

[30] Kendrick R. Induction caving of the Urad mine [J]. Mining Congress Journal, 1970, 56 (10): 39-44.

[31] Bieniawski Z T. Engineering classification of jointed rock masses [J]. The Civil Engineering in South Africa, 1973, 15: 335-343.

[32] Bieniawski Z T. Classification of rock masses for engineering: the RMR system and future trends [M]. New York: Pergamon Press, 1993.

[33] Rafiee R, Ataei M, Khalookakaie R, et al. Numerical modeling of influence parameters in cavabililty of rock mass in block caving mines [J]. International Journal of Rock Mechanics and Mining Sciences, 2018, 105: 22-27.

[34] Barton N. Some new Q-value correlations to assist in site characterisation and tunnel design [J]. International Journal of Rock Mechanics and Mining Sciences, 2002, 39 (2): 185-216.

[35] Barton N, Lien R, Lunde J. Engineering classification of rock masses for the design of tunnel support [J]. Rock Mechanics Felsmechanik Mécanique Des Roches, 1974, 6 (4): 189-236.

[36] Laubsche D H. Cave mining-the state of the art [J]. The Journal of The South African Institute of Mining and Metallurgy, 1994, 94 (10): 279-293.

[37] Laubsche D. A geomechanics classification system for the rating of rock mass in mine design [J]. Journal of the south African institute of mining and metallurgy, 1990, 90 (10): 267-273.

[38] 中华人民共和国水利部. 工程岩体分级标准 [S]. 北京: 中国计划出版社, 2014.

[39] 喻勇, 蔡斌. 湖南溆水皂市水利枢纽工程岩体分级 [J]. 岩石力学与工程学报, 2001 (S1): 1889-1892.

[40] 田昌贵, 陈世华. 工程岩体分级标准在地下采矿工程中的应用 [J]. 采矿技术, 2005 (4): 89-93.

[41] 周火明, 肖国强, 阎生存, 等. 岩体质量评价在清江水布垭面板坝趾板建基岩体验收中的应用 [J]. 岩石力学与工程学报, 2005 (20): 139-143.

[42] 闫茂林. 基于工程岩体分级标准的巷道锚杆支护设计 [J]. 山西焦煤科技, 2008 (2): 9-10, 14.

[43] 张占荣, 杨艳霜, 赵新益, 等. 岩体变形参数确定的经验方法研究 [J]. 岩石力学与工程学报, 2016, 35 (S1): 3195-3202.

[44] 朱训国, 夏洪春, 王忠昶. 《工程岩体分级标准》在深部巷道围岩分级中的应用及分析 [J]. 煤田地质与勘探, 2017, 45 (2): 118-125.

[45] Hassen F H, Spinnler L, Fine J. A new approach for rock mass cavability modeling [J]. International Journal of Rock Mechanics & Mining Sciences & Geomechanics Abstracts, 1993, 30 (7): 1379-1385.

[46] 潘长良, 李立明, 曹平, 等. 自然崩落法矿岩崩落特性及崩落规律 [J]. 中南矿冶学院学报, 1994 (4): 441-445.

[47] Seth D Woodruff. Rock mechanics of block caving operations [J]. Mining Research, 1962 (2): 509-520.

[48] Mahtab M A, Dixon J D. Influence of rock fractures and block boundary weakening on cavability [J]. Transactions of the Society of Mining Engineers of Aime, 1976, 260 (1): 6-12.

[49] Kendorski F S. The cavability of ore deposits [J]. Min. Engng., 1978, 30 (6): 628-631.

[50] 郑永学, 王泳嘉, 姚赞劻. 自然崩落法崩落机制的研究 [J]. 有色金属 (矿山部分), 1989 (2): 3-8.

[51] 吴少华, 张俊忠. 矿岩自然崩落的监测研究 [J]. 冶金矿山设计与建设, 1994 (4): 15-20.

[52] 徐腊明. 自然崩落法拉底上部矿体应力分布有限元分析 [J]. 金属矿山, 1996 (2): 11-15, 46.

[53] 张世雄, 连岳泉, 徐腊明. 岩体崩落机理的数值模拟研究 [J]. 金属矿山, 1997 (9): 13-18.

[54] 张锋. 自然崩落法矿体崩落状态的监测 [J]. 金属矿山, 1997 (9): 9-12, 18.

[55] Duplancic P, Brady B H. Characterisation of caving mechanisms by analysis of seismicity and rock stress [C]. Paris: International Society for Rock Mechanics and Rock Engineering, 1999.

[56] 姜增国, 杨保仓. 基于 DDEM 的自然崩落采矿法崩落规律的数值模拟 [J]. 岩土力学, 2005 (2): 239-242.

[57] 朱焕春. PFC 及其在矿山崩落开采研究中的应用 [J]. 岩石力学与工程学报, 2006, 25 (9): 1927-1931.

[58] 王涛, 盛谦, 熊将. 基于颗粒流方法自然崩落法数值模拟研究 [J]. 岩石力学与工程学报, 2007 (S2): 4202-4207.

[59] 袁海平, 王金安, 赵奎. 诱导条件下节理岩体流变断裂自然崩落判据研究 [J]. 金属矿山, 2009 (7): 5-9, 42.

[60] Vyazmensky A, Stead D, Elmo D, et al. Numerical analysis of block caving-induced instability in large open pit slopes a finite element_discrete element approachlysis of block caving [J]. Rock Mechanics and Rock Engineering, 2010, 43 (1): 21-39.

[61] 宋卫东, 杜建华, 尹小鹏, 等. 金属矿山崩落法开采顶板围岩崩落机理与塌陷规律 [J]. 煤炭学报, 2010, 35 (7): 1078-1083.

[62] Barbosa M R, Da Silva A D F, De Paula R G, et al. Breakdown mechanisms in iron caves. an example from Brazil [J]. International Journal of Speleology, 2019, 48 (2): 179-190.

[63] 方传峰, 王晋森, 李剡兵, 等. 基于 PFC2D-DFN 的自然崩落法数值模拟研究 [J]. 黄金科学技术, 2019, 27 (2): 189-198.

[64] 冯兴隆, 王李管, 毕林, 等. 基于 Laubscher 崩落图的矿体可崩性研究 [J]. 煤炭学报, 2008 (3): 268-272.

[65] Mawdesley C, Trueman R, Whiten W. Extending the mathews stability graph for open-stope design [J]. Transactions of the Institution of Mining and Metallurgy Section A-mining Technology, 2001, 110 (1): 27-39.

[66] 冯兴隆, 王李管, 毕林, 等. 基于 Mathews 稳定图的矿体可崩性研究 [J]. 岩土工程学报, 2008 (4): 600-604.

[67] 曹辉, 杨小聪, 王贺, 等. 自然崩落法可崩性研究现状及发展趋势 [J]. 中国矿业, 2015, 24 (10): 113-117.

[68] 任凤玉, 李海英, 任美霖, 等. 书记沟铁矿相邻空区诱导冒落技术研究 [J]. 中国矿业, 2012, 21 (S1): 378-380.

[69] 任凤玉, 韩智勇, 赵恩平, 等. 诱导冒落技术及其在北洺河铁矿的应用 [J]. 矿业研究与开发, 2007 (1): 17-19.

[70] 何荣兴, 任凤玉, 宋德林, 等. 和睦山铁矿倾斜厚矿体诱导冒落规律研究 [J]. 采矿与安全工程学报, 2017, 34 (5): 899-904.

[71] 罗声运. 矿块崩落法矿体崩落规律的相似模拟研究 [J]. 矿业研究与开发, 1994 (3):

1-6.

［72］李学锋. 自然崩落法矿体崩落规律的研究［J］. 世界采矿快报, 1996（18）: 4-8.

［73］董卫军, 孙忠铭, 王家臣, 等. 矿体自然崩落相似材料模拟试验研究［J］. 采矿技术, 2001（3）: 13-15.

［74］钱志军, 徐长佑. 自然崩落法矿体崩落过程的数值模拟［J］. 化工矿山技术, 1993, 22（1）: 21-25.

［75］胡建华, 周科平, 古德生, 等. 基于 RFPA2D 的顶板诱导崩落时变效应数值模拟［J］. 中国矿业, 2007（10）: 86-88.

［76］王连庆, 高谦, 王建国, 等. 自然崩落采矿法的颗粒流数值模拟［J］. 北京科技大学学报, 2007（6）: 557-561.

［77］Brady B H G, Brown E T. 地下采矿岩石力学［M］. 北京: 科学出版社, 2011.

［78］Deere D U. Technical description of rock cores for engineering purposes［J］. Felsmechanik und Ingenieurgeologie, 1963, 1（1）: 16-22.

［79］Şen Z, Eissa E A. Rock quality charts for log-normally distributed block sizes［J］. International Journal of Rock Mechanics & Mining Sciences & Geomechanics Abstracts, 1992, 29（1）: 1-12.

［80］Hardy A, Ryan T, Kemeny J. Block size distribution of in situ rock masses using digital image processing of drill core［J］. International Journal of Rock Mechanics and Mining Sciences, 1997, 34（2）: 303-307.

［81］Arild P. Measurements of and correlations between block size and rock quality designation（RQD）［J］. Tunnelling and Underground Space Technology, 2005, 20（4）: 362-377.

［82］Annavarapu S. Field validation of estimated primary fragment size distributions in a block cave mine［J］. The Journal of the Southern African Institute of Mining and Metallurgy, 2019, 119: 437-444.

［83］White D H. Predicting fragmentation characteristics of a block caving orebody［D］. USA: University of Arizon, 1977.

［84］王李管, 潘长良, 谭光伟. 基于随机模拟技术的矿石块度模型及其应用［J］. 有色金属（矿山部分）, 1998（2）: 6-10.

［85］王家臣, 陈忠辉, 熊道慧, 等. 金川镍矿二矿区矿石自然崩落规律研究［J］. 中国矿业大学学报, 2000（6）: 46-50.

［86］Wang L, Yamashita S, Sugimoto F, et al. A methodology for predicting the in situ size and shape distribution of rock blocks［J］. Rock Mechanics and Rock Engineering, 2003, 36（2）: 121-142.

［87］向晓辉, 王俐, 葛修润, 等. 基于三维裂隙网络模拟的有限块体面积判断法［J］. 岩土力学, 2006（9）: 199-202.

[88] 王李管，尚晓明，冯兴隆，等. 基于 Monte Carlo 模拟的矿岩块度预测 [J]. 煤炭学报，2008, 33 (6)：635-639.

[89] 冯兴隆，王李管，毕林，等. 矿石崩落块度的三维建模技术及块度预测 [J]. 岩土力学，2009, 30 (6)：1826-1830.

[90] Elmouttie M K, Poropat G V. A Method to estimate in situ block size distribution [J]. Rock Mechanics and Rock Engineering, 2012, 45 (3)：401-407.

[91] 刘泉，母昌平，段峻峰. 基于节理网络模拟和岩体分形理论的块度预测研究 [J]. 现代矿业，2015, 31 (3)：1-4, 11.

[92] 杨啸，杨志强，高谦，等. 基于节理网络模拟和分形理论预测矿岩体块度 [J]. 太原理工大学学报，2015, 46 (3)：318-322.

[93] 荆永滨，赵新涛，冯兴隆. 节理岩体矿岩块度三维模拟研究 [J]. 黄金科学技术，2018, 26 (3)：357-364.

[94] 李响，贾明涛，王李管，等. 基于蒙特卡洛随机模拟的矿岩崩落块度预测研究 [J]. 岩土力学，2009, 30 (4)：1186-1190.

[95] 陈忠强，王李管，冯兴隆，等. 三维矿岩崩落块度模拟技术在某铜矿中的应用 [J]. 矿冶工程，2013, 33 (2)：7-10.

[96] 冯兴隆. 自然崩落法矿岩工程质量数字化评价及模拟技术研究 [D]. 长沙：中南大学，2010.

[97] 彭平安，王李管. 矿岩崩落块度预测的节理面三维模拟技术及其应用 [J]. 矿冶工程，2015, 35 (3)：22-26.

[98] Wang H, Latham J P, Poole A B. Predictions of block size distribution for quarrying [J]. Quarterly Journal of Engineering Geology, 1991, 24：91-99.

[99] Jing L, Stephansson O. Topological identification of block assemblages for jointed rock masses [J]. International Journal of Rock Mechanics & Mining Sciences & Geomechanics Abstracts, 1994, 31 (2)：163-172.

[100] Lu P, Latham J. Developments in the assessment of in-situ block size distributions of rock masses [J]. Rock Mechanics and Rock Engineering, 1999, 32 (1)：29-49.

[101] 王家臣，熊道慧，方君实. 矿石自然崩落块度的拓扑研究 [J]. 岩石力学与工程学报，2001 (4)：443-447.

[102] 董卫军. 矿石崩落块度的三维模型与块度预测 [J]. 矿冶，2002 (2)：1-3, 25.

[103] 王利，高谦. 岩石块度的分形演化模型及其应用 [J]. 煤炭学报，2007, 32 (11)：1170-1174.

[104] 王利，高谦. 基于损伤能量耗散的岩体块度分布预测 [J]. 岩石力学与工程学报，2007 (6)：127-136.

[105] Kim B H, Cai M, Kaiser P K, et al. Estimation of block sizes for rock masses with non-persistent joints [J]. Rock Mechanics and Rock Engineering, 2007, 40 (2)：169-192.

[106] Rogers S, Elmo D, Webb G, et al. Volumetric fracture intensity measurement for improved rock mass characterisation and fragmentation assessment in block caving operations [J]. Rock Mechanics and Rock Engineering, 2015, 48 (2): 633-649.

[107] Gomez R, Castro R L, Casali A, et al. A comminution model for secondary fragmentation assessment for block caving [J]. Rock Mechanics and Rock Engineering, 2017, 50 (11): 3073-3084.

[108] Hobbs D W. A simple method for assessing the uniaxial compressive strength of rock [J]. International Journal of Rock Mechanics & Mining Sciences & Geomechanics Abstracts, 1964, 1 (1): 5-8.

[109] Franklin J A. Suggested method for determining point load strength [J]. International Journal of Rock Mechanics & Mining Sciences & Geomechanics Abstracts, 1985, 22 (2): 51-60.

[110] Singh T N, Kainthola A, Venkatesh A. Correlation between point load index and uniaxial compressive strength for different rock types [J]. Rock Mechanics and Rock Engineering, 2012, 45 (2): 259-264.

[111] Mishra D A, Basu A. Use of the block punch test to predict the compressive and tensile strengths of rocks [J]. International Journal of Rock Mechanics and Mining Sciences, 2012, 51: 119-127.

[112] 杜时贵, 王思敬. 岩石质量指标 (RQD) 的各向异性分析 [J]. 工程地质学报, 1996, 4 (4): 48-54.

[113] Priest S D, Hudson J A. Discontinuity spacings in rock [J]. International Journal of Rock Mechanics & Mining Sciences & Geomechanics Abstracts, 1976, 13 (5): 135-148.

[114] Sen Z, Kazi A. Discontinuity spacing and RQD estimates from finite length scanlines [J]. International Journal of Rock Mechanics & Mining Sciences & Geomechanics Abstracts, 1984, 21 (4): 203-212.

[115] Şen Z. RQD-fracture frequency chart based on a weibull distribution [J]. International Journal of Rock Mechanics & Mining Science & Geomechanics Abstracts, 1993, 30 (5): 555-557.

[116] 赵文, 林韵梅. 结构面岩体的网络模拟研究 [J]. 东北大学学报, 1994 (2): 128-130.

[117] 王茹, 唐春安, 王述红. 岩石点荷载试验若干问题的研究 [J]. 东北大学学报 (自然科学版), 2008 (1): 130-132, 140.

[118] Chau K, Wei X. Spherically isotropic, elastic spheres subject to diametral point load strength test [J]. International Journal of Solids and Structures, 1999, 36 (29): 4473-4496.

[119] Russell A R, Wood D M. Point load tests and strength measurements for brittle spheres [J]. International Journal of Rock Mechanics and Mining Sciences, 2009, 46 (2): 272-280.

[120] Wong R H C, Chau K T, Yin J, et al. Uniaxial compressive strength and point load index of volcanic irregular lumps [J]. International Journal of Rock Mechanics and Mining Sciences, 2017, 93: 307-315.

［121］ Yin J, Wong R H C, Chau K T, et al. Point load strength index of granitic irregular lumps: size correction and correlation with uniaxial compressive strength ［J］. Tunnelling and Underground Space Technology, 2017, 70: 388-399.

［122］ Hiramatsu Y, Oka Y. Determination of the tensile strength of rock by a compression test of an irregular test piece ［J］. International Journal of Rock Mechanics & Mining Sciences & Geomechanics Abstracts, 1966, 3 (2): 89-90.

［123］ Panek L A, Fannon T A. Size and shape effects in point load tests of irregular rock fragments ［J］. Rock Mechanics & Rock Engineering, 1992, 25 (2): 109-140.

［124］ Khanlari G, Heidari M, Sepahigero A, et al. Quantification of strength anisotropy of metamorphic rocks of the hamedan province, Iran, as determined from cylindrical punch, point load and Brazilian tests ［J］. Engineering Geology, 2014, 169: 80-90.

［125］ Chau K T, Wong R H C. Uniaxial compressive strength and point load strength of rocks ［J］. International Journal of Rock Mechanics & Mining Sciences & Geomechanics Abstracts, 1996, 33 (2): 183-188.

［126］ Palchik V, Hatzor Y. The influence of porosity on tensile and compressive strength of porous chalks ［J］. Rock Mechanics and Rock Engineering, 2004, 37 (4): 331-341.

［127］ Tsiambaos G, Sabatakakis N. Considerations on strength of intact sedimentary rocks ［J］. Engineering Geology, 2004, 72 (3): 261-273.

［128］ Fener M, Kahraman S, Bilgil A, et al. A comparative evaluation of indirect methods to estimate the compressive strength of rocks ［J］. Rock Mechanics and Rock Engineering, 2005, 38 (4): 329-343.

［129］ Fener M, Ince I. Influence of orthoclase phenocrysts on point load strength of granitic rocks ［J］. Engineering Geology, 2012, 141: 24-32.

［130］ Itasca Consulting Group. PFC Version 5.0 User's Manual［M］. Minneapolis: ITASCA, 2017.

［131］ 解世俊. 金属矿床地下开采 ［M］. 2 版. 北京: 冶金工业出版社, 1986.

［132］ 苏永华, 何满潮, 孙晓明. 岩体模糊分类中隶属函数的等效性 ［J］. 北京科技大学学报, 2007, 29 (7): 670-675.

［133］ Finol J, Guo Y K, Jing X D. A rule based fuzzy model for the prediction of petrophysical rock parameters ［J］. Journal of Petroleum Science & Engineering, 2001, 29 (2): 97-113.

［134］ Liang Y, Feng D, Liu G, et al. Neural identification of rock parameters using fuzzy adaptive learning parameters ［J］. Computers & Structures, 2003, 81 (24): 2373-2382.

［135］ Aydin A. Fuzzy set approaches to classification of rock masses ［J］. Engineering Geology, 2004, 74 (3): 227-245.

［136］ Hamidi J K, Shahriar K, Rezai B, et al. Application of fuzzy set theory to rock engineering classification systems: an illustration of the rock mass excavability index ［J］. Rock Mechanics and Rock Engineering, 2010, 43 (3): 335-350.

[137] Park H J , Um J G , Woo I , et al. Application of fuzzy set theory to evaluate the probability of failure in rock slopes [J]. Engineering Geology, 2012, 125: 92-101.

[138] Hudson J A. Rock engineering systems. theory and practice [M]. Chichester: Ellis Horwood, 1992.

[139] Jiao Y, Hudson J A. The fully-coupled model for rock engineering systems [J]. International Journal of Rock Mechanics & Mining Sciences & Geomechanics Abstracts, 1995, 32 (5): 491-512.

[140] Jiao Y, Hudson J A. Identifying the critical mechanism for rock engineering design. [J]. Thomas Telford Ltd, 1998, 48 (3): 319-335.

[141] Shad H I A , Sereshki F , Ataei M , et al. Prediction of rotary drilling penetration rate in iron ore oxides using rock engineering system [J]. International Journal of Mining Science and Technology, 2018, 28 (3): 53-59.

[142] Saeidi O, Azadmehr A, Torabi S R. Development of a rock groutability index based on the rock engineering systems (res): a case study [J]. Indian Geotechnical Journal, 2014, 44 (1): 49-58.

[143] Naghadehi M Z , Jimenez R , Khalokakaie R , et al. A probabilistic systems methodology to analyze the importance of factors affecting the stability of rock slopes [J]. Engineering Geology, 2011, 118 (3): 82-92.

[144] Saffari A, Sereshki F, Ataei M, et al. Applying rock engineering systems (res) approach to evaluate and classify the coal spontaneous combustion potential in eastern alborz coal mines [J]. International Journal of Mining and Geo-engineering, 2013, 47 (2): 115-127.

[145] 杨效华, 祝玉学, 蒙立军. 岩石工程系统理论与应用 第 1 讲 岩石工程系统概论 [J]. 金属矿山, 2000 (7): 46-48, 50.

[146] 杨英杰, 张清. 人工神经网络在岩石工程系统 RES 中的应用 [J]. 铁道学报, 1997, 19 (2): 66, 69-73.

[147] 杨英杰, 张清. 岩石工程相互作用矩阵的神经网络编码方法 [J]. 土木工程学报, 1998, 31 (2): 21-29.

[148] Yang Y, Zhang Q. The application of neural networks to rock engineering systems (res) [J]. International Journal of Rock Mechanics and Mining Sciences, 1998, 35 (6): 727-745.

[149] Kim M K, Yoo Y I, Song J J. Methodology to quantify rock behavior around shallow tunnels by rock engineering systems [J]. Geosystem Engineering, 2008, 11 (2): 37-42.

[150] Naghadehi M Z, Jimenez R, Khalokakaie R, et al. A new open-pit mine slope instability index defined using the improved rock engineering systems approach. [J]. International Journal of Rock Mechanics & Mining Sciences, 2013, 61 (61): 1-14.

[151] 郑新奇, 吕利娜. 地统计学 (现代空间统计学) [M]. 北京: 科学出版社, 2018.

[152] 陈庆, 袁峰, 张明明, 等. 基于地统计学的沙溪斑岩铜矿凤台山矿段铜品位空间变异

研究 [J]. 矿物学报, 2013, 33 (S2): 743-744.

[153] 李艳, 史舟, 徐建明, 等. 地统计学在土壤科学中的应用及展望 [J]. 水土保持学报, 2003 (1): 178-182.

[154] 李秀梅, 周时学, 罗胜军, 等. 地统计学在生态学中的应用 [J]. 现代农业科技, 2014 (13): 245, 247.

[155] 赵文慧, 宫辉力, 赵文吉, 等. 基于地统计学的北京市可吸入颗粒物时空变异性及气象因素分析 [J]. 环境科学学报, 2010, 30 (11): 2154-2163.

[156] 魏凤英, 曹鸿兴. 地统计学分析技术及其在气象中的适用性 [J]. 气象, 2002 (12): 3-5, 23.

[157] 任凤玉. 随机介质放矿理论及其应用 [M]. 北京: 冶金工业出版社, 1994.